$La_{0.75}Sr_{0.25}Cr_{0.5}Mn_{0.5}O_{3-\delta}$ 基燃料电池阳极硫中毒及再生机制研究

李一倩　著

哈尔滨

图书在版编目（CIP）数据

$La_{0.75}Sr_{0.25}Cr_{0.5}Mn_{0.5}O_{3-\delta}$ 基燃料电池阳极硫中毒及再生机制研究 / 李一倩著. -- 哈尔滨 : 黑龙江大学出版社，2024.4（2025.3 重印）
ISBN 978-7-5686-1115-2

Ⅰ. ①L… Ⅱ. ①李… Ⅲ. ①燃料电池－研究 Ⅳ. ①TM911.4

中国国家版本馆 CIP 数据核字 (2024) 第 082390 号

$La_{0.75}Sr_{0.25}Cr_{0.5}Mn_{0.5}O_{3-\delta}$ 基燃料电池阳极硫中毒及再生机制研究
$La_{0.75}Sr_{0.25}Cr_{0.5}Mn_{0.5}O_{3-\delta}$ JI RANLIAO DIANCHI YANGJI LIU ZHONGDU JI ZAISHENG JIZHI YANJIU
李一倩 著

责任编辑 高 媛 梁露文
出版发行 黑龙江大学出版社
地　　址 哈尔滨市南岗区学府三道街 36 号
印　　刷 三河市金兆印刷装订有限公司
开　　本 720 毫米 ×1000 毫米 1/16
印　　张 13
字　　数 220 千
版　　次 2024 年 4 月第 1 版
印　　次 2025 年 3 月第 2 次印刷
书　　号 ISBN 978-7-5686-1115-2
定　　价 52.00 元

前　言

针对目前全球能源供应短缺的困局和环境污染日益加剧的严峻形势，高效、清洁的新能源技术亟待进一步开发和应用。固体氧化物燃料电池作为一种清洁的能量转换技术，具有使用高效灵活、结构多样等优势，在大功率发电、分布式电源、家用热电联供、车载辅助电源以及小型便携式电源等领域都具有相当广阔的应用前景。固体氧化物燃料电池基础科学问题与关键技术研究的发展及商业化将有助于推动我国实现碳达峰、碳中和目标，加速全球能源低碳化的转型进程，最终有助于构建以清洁能源为核心的现代化零碳可持续能源体系。

目前，固体氧化物燃料电池在材料组成、电池结构等方面的研究已引起学界的广泛关注。其中，重点关注的内容有固体氧化物燃料电池的运行稳定性、中低温应用以及运行成本等。目前研究所使用的燃料通常是 H_2，但它存在储存与运输的安全隐患。此外，它高昂的成本也不利于降低固体氧化物燃料电池的运行成本。为降低运行成本使用廉价燃料是必然趋势。然而，碳氢气体燃料、碳质固体燃料和液体燃料等廉价燃料里的硫杂质极易导致电池阳极出现硫中毒问题，严重影响固体氧化物燃料电池的性能和长期稳定性。这些问题都会影响固体氧化物燃料电池技术的进一步发展与商业化，是当前该领域迫切需要解决的问题。

本书旨在系统梳理固体氧化物燃料电池电极材料、阳极硫中毒等方面的研究进展，结合笔者的科研实践经验，总结阳极硫中毒再生方法及阳极再生能力提升策略。本书第 1 章详细介绍固体氧化物燃料电池的原理、电极材料的发展以及阳极硫中毒问题等；第 2 章探讨 $La_{0.75}Sr_{0.25}Cr_{0.5}Mn_{0.5}O_{3-\delta}$（LSCrM）阳极硫中毒现象和机制，并提出基于氧化再生的化学氧化再生法，明确 LSCrM 阳极的化学氧化再生机制;在第 2 章研究基础上,第 3 章进一步提出电化学氧泵氧化再生法,并深入探讨 LSCrM 阳极的电化学氧泵氧化再生机制;第 4 章和第 5 章则通过浸渍方法向 LSCrM 分别引入 Co 金属催化剂和 Ni 金属催化剂,探讨 LSCrM 基复合阳极的耐硫中毒能力、化学氧化再生机制以及电化学氧泵氧化失效机制;鉴于电化学氧泵氧化再生法对于硫中毒金属阳极再生的局限性,第 6 章构建钙钛矿氧化物阳极基底-金属催化剂-氧化物催化剂三层复合阳极结构,揭示金属基阳极的电化学氧泵再生能力提升机制;第 7 章通过电化学手段,初步探究催化剂材料在析氢、析氧以及全解水过程中的性能变化趋势,对其催化机制进行深入分析。

本书力求归纳固体氧化物燃料电池领域的研究成果,为钙钛矿氧化物复合阳极的硫中毒-再生提供科学依据,为固体氧化物燃料电池新型阳极结构的研发提供科学借鉴,同时也为其他杂质元素导致的固体氧化物燃料电池电极毒化-再生及催化剂材料迁移问题的研究提供参考。衷心感谢所有为本书的完成做出贡献的人,感谢老师、朋友和同事提供的宝贵建议和帮助,感谢业内专家和学者为本书奠定的坚实的理论基础,感谢所有读者对本书的关注和支持。由于笔者知识和能力的局限性,书中难免存在不足之处,恳请读者批评指正,特此致谢。

李一倩

2023 年 10 月

目　　录

第1章　绪论

1.1 引言

20 世纪 90 年代以来,全球平均气温逐年上升,环境污染问题日益严峻。这与不合理的能源利用方式密切相关。20 世纪的能源利用方式已不能满足当前社会对清洁、低碳、安全、高效能源体系的要求,因此必须加快构建新能源可靠替代体系,全面深入推进能源低碳绿色转型。新型电力系统是新能源体系的重要组成部分,也是节能减排、实现“双碳”目标的关键载体。大量清洁可再生的新能源被用于开发新型发电技术。作为解决能源高效利用问题和环保难题途径之一的燃料电池发电技术,目前备受学界关注。

1.2 燃料电池

燃料电池是一种可将燃料与氧化剂的化学能转化为电能的发电装置。与传统的化石燃料燃烧发电技术相比,燃料电池具有效率高、污染低等优点,是公认的绿色能源技术。

燃料电池的概念于 1838 年被 Christian 首次提出,并在 1839 年被 William Grove 首次验证。燃料电池是一种洁净、高效的发电装置,由多孔阴极、多孔阳极和致密电解质构成。阳极、阴极分别是燃料电化学氧化和氧化剂电化学还原的场所,电解质是离子或者质子迁移的导电通道。根据电解质性质的不同,可将燃料电池分为五大类:磷酸燃料电池(PAFC)、质子交换膜燃料电池(PEMFC)、碱性燃料电池(AFC)、熔融碳酸盐燃料电池(MCFC)和固体氧化物燃料电池(SOFC)。固体氧化物燃料电池包括氧离子传导型固体氧化物燃电池和质子传导型固体氧化物燃料电池。

对于熔融碳酸盐燃料电池、碱性燃料电池和氧离子传导型固体氧化物燃料电池而言,电化学反应从阴极开始,生成物在阳极产生;对于质子交换膜燃料电池、磷酸燃料电池和质子传导型固体氧化物燃料电池而言,电化学反应从阳极开始,生成物在阴极产生,电子通过外电路负载由阳极流向阴极,实现电流输出。这几类燃料电池各有其优点与缺点及使用范围。碱性燃料电池是目前发展最成熟稳定的燃料电池技术;磷酸燃料电池是商业化较早但造价较高的燃料电池;熔融碳酸盐燃料电池也已进入产业商业化阶段。

目前,人们将研究重点集中在质子交换膜燃料电池和固体氧化物燃料电池上。其中,质子交换膜燃料电池的研究发展迅猛,但其制作成本较高。这阻碍了其商业化进程。本书的研究对象为固体氧化物燃料电池,它的阴极、阳极和电解质均以氧化物材料为主,拥有全固态结构,因此具有结构设计多样化的特点且不存在腐蚀和漏液等问题。固体氧化物燃料电池使用寿命长,燃料取材范围广,但同样存在制造成本较高的问题。此外,它的运行成本也不低。因此,固体氧化物燃料电池主要用于中小容量的分布式电源和大容量的集中型电厂。不过值得一提的是,目前固体氧化物燃料电池的研究已接近成熟,现已有公司推出固体氧化物燃料电池家用微型电站,其大规模的商业化应用指日可待。

1.3 固体氧化物燃料电池

19世纪末,Nernst首次发现了固体复合氧化物电解质,并证明固体复合氧化物电解质的导电性随温度升高而升高。1937年,Baur和Preis利用固体复合氧化物电解质成功研制了固体氧化物燃料电池。固体氧化物燃料电池的操作温度一般为600~1 000 ℃,高操作温度可充分实现燃料的内重整以提升电极的催化活性,并可作为热源向外界持续提供热能,能量转化效率高达70%。除此之外,固体氧化物燃料电池还具有以下独特优点:

(1)全固态结构,不仅可以有效避免电解液泄漏腐蚀问题的发生,还能实现长期稳定运行。

(2)燃料适应性强,不仅可以使用纯H_2作为阳极燃料,理论上,还可以使用其他可燃还原性气体、液体燃料甚至固体燃料作为阳极燃料。

(3)模块化,组装灵活,安装地点灵活。

(4)应用范围广,适用于大、中、小型固定发电站,也可作为移动电源使用。

固体氧化物燃料电池主要由电解质、阴极和阳极组成,阴极和阳极被氧离子传导型电解质分开,其结构类似于三明治的夹心结构。阴极采用O_2或者空气作为氧化剂。氧化剂在阴极催化作用下得电子,被还原成O^{2-},O^{2-}经氧离子传导型电解质被运输至阳极处。阳极采用还原性气体做燃料,一般为纯H_2。H_2在阳极的催化作用下失电子,被氧化为H^+,H^+与O^{2-}在阳极处结合并生成

H_2O,电子通过外电路由阳极运输至阴极,从而实现电力输出。

1.3.1 电解质材料

1.3.1.1 使用条件

电解质的主要功能是将阴极生成的 O^{2-} 向阳极运输。除此之外,它还有隔离燃料与氧化剂的作用。固体氧化物燃料电池的工作温度范围为 600 ~ 1 000 ℃,高温工作时电解质需满足以下条件。

(1)稳定性

因为电解质同时处在阳极和阴极的双重气氛中,所以不论在还原性环境还是氧化性环境中,电解质的化学性能、微观形貌等均应具有足够高的稳定性。

(2)导电性

在高温以及阳极和阴极的双重气氛中,电解质不仅应满足离子电导率高的要求,还应满足电子电导率低的要求。离子电导率高可以使电解质向阳极及时输送 O^{2-},而电子电导率低则可以避免电解质内部出现电子渗流现象以减少不必要的能量损失。

(3)相容性

在电池制备及长期高温运行的过程中,电解质和其他与之相邻的固体氧化物燃料电池组件之间需要具有足够高的化学相容性,即电解质与其他组件在制备和工作中不能发生化学反应。

(4)热膨胀系数

从室温到电池运行温度的范围内,电解质与相邻组件的热膨胀系数应当匹配。良好的热膨胀系数匹配性能够避免电池组件间的分层及断裂,这可极大地提高电池运行稳定性。

(5)致密性

电解质应具有足够高的致密性,从而阻止阳极处的燃料向阴极扩散,避免燃料与氧化剂接触发生爆炸。

1.3.1.2 电解质材料类型

事实上,只有少量材料能完全满足 1.3.1.1 所列的使用条件并作为固体氧化物燃料电池的电解质得到实际应用。目前,普遍使用的氧化物电解质材料主要有掺杂 ZrO_2 基电解质、掺杂 CeO_2 基电解质以及掺杂 $LaGaO_3$ 基钙钛矿电解质。

(1)掺杂 ZrO_2 基电解质

在室温下,ZrO_2 为单斜晶相材料;当温度高于 1 170 ℃时,ZrO_2 由单斜晶相转变为四方晶相;而当温度进一步升高至 2 370 ℃及以上温度时,四方晶相则转变为立方萤石晶相。在 ZrO_2 中掺杂低价的碱土氧化物或稀土氧化物,可以将高温立方萤石晶相稳定到室温下的单斜晶相,并同时大幅提高其离子电导率。最常用于稳定 ZrO_2 晶相的氧化物为 CaO、Y_2O_3、MgO、Sc_2O_3 以及一些稀土氧化物。当氧化物 CaO、Y_2O_3、Sc_2O_3 以及其他稀土氧化物的掺杂剂量分别为 12%~13%、8%~9% 和 8%~12% 时,便可与 ZrO_2 形成稳定立方萤石结构固溶体,而低剂量掺杂则可能导致材料中存在多个杂相。目前研究最系统、使用最广泛的电解质材料是 Y_2O_3稳定的 ZrO_2(YSZ)。根据掺杂剂量的不同,YSZ 存在两种形式:一种是四方结构的 3YSZ(掺杂 3% Y_2O_3 的 ZrO_2),另一种是立方结构的 8YSZ(掺杂 8% Y_2O_3 的 ZrO_2)。8YSZ 的电导率高于 3YSZ,8YSZ 在 800 ℃和 1 000 ℃时的电导率分别为 0.036 $S \cdot cm^{-1}$ 和 0.164 $S \cdot cm^{-1}$。与其他氧化物掺杂 ZrO_2 的体系相比,8YSZ 的电导率处于中等水平,但是因为它具有制备简单且价格低廉等优点,所以固体氧化物燃料电池最常用的电解质材料还是 8YSZ。然而,因为 8YSZ 电解质的电导率在中温、低温时较低,所以它主要被作为高温固体氧化物燃料电池电解质材料使用。

在氧化物稳定 ZrO_2 的电解质材料中,Sc_2O_3 稳定的 ZrO_2(ScSZ)的电导率最高。这是因为 Sc^{3+}的离子半径和 Zr^{3+}的离子半径很接近,O^{2-}迁移能较小。当 Sc_2O_3 的掺杂剂量为 8% 时,材料具有最优性能;在 800 ℃和 1 000 ℃时,其电导率分别为 0.120 $S \cdot cm^{-1}$ 和 0.343 $S \cdot cm^{-1}$。此电导率可以满足中温固体氧化物燃料电池的操作要求。然而存在的问题是,当温度低于 500 ℃时,此材料的电导率甚至不及 8YSZ。因此,ScSZ 电解质材料不适用于低温固体氧化物燃料电池,其大规模使用受到限制。

(2)掺杂 CeO_2 基电解质

纯 CeO_2 材料属于立方萤石晶相,为了提高其电导率,可向其中掺杂少量碱土金属氧化物或稀土金属氧化物。其中,Sm_2O_3、Gd_2O_3、Y_2O_3 等稀土氧化物提高电导率的效果远好于SrO、BaO等碱土金属氧化物。因为稀土元素的离子半径与Ce^{4+}的离子半径接近,掺杂过程造成晶格畸变的程度比较小,所以CeO_2的主要掺杂材料是稀土金属氧化物。其中,研究得最为广泛的是Sm_2O_3掺杂的CeO_2(SDC)或Gd_2O_3掺杂的CeO_2(GDC)。掺杂CeO_2材料的电导率随着氧化物掺杂剂量变化而变化,当Sm_2O_3或Gd_2O_3的掺杂剂量为10%~20%时,中温下掺杂材料的电导率为10^{-3}~10^{-1} S·cm^{-1}。此材料的电导率比YSZ大两个数量级,因此可作为中温固体氧化物燃料电池电解质来使用,工作温度一般为500~700 ℃。虽然SDC或GDC的电导率高于YSZ,但是在还原性气氛中Ce^{4+}会被还原为Ce^{3+},形成的Ce^{3+}/Ce^{4+}离子对可为电子运输提供通路,进而形成电子渗透电流。为了避免电解质的电子渗透电流现象发生,研究人员一般采用的方法有降低固体氧化物燃料电池的运行温度、增加SDC或GDC电解质材料的厚度或者在SDC和GDC电解质材料的表面涂覆一层YSZ电解质材料。

(3)掺杂$LaGaO_3$基钙钛矿电解质

Sr和Mg掺杂的$LaGaO_3$基(LSGM)电解质材料是$LaGaO_3$基钙钛矿电解质中被研究得最为广泛的一种。目前,其最高电导率的掺杂比例为$La_{0.8}Sr_{0.2}Ga_{0.83}Mg_{0.17}O_{2.815}$。此材料在800 ℃下表现出0.17 S·cm^{-1}的电导率。不过,在合成过程中,此材料极易出现杂相问题。尤其是在1 000 ℃的还原气氛中,Ga挥发会导致杂相出现,并且随着Sr掺杂剂量增多,Ga挥发问题也会进一步加剧。这些问题极大地限制了LSGM电解质材料的大规模应用。

1.3.2 阴极材料

阴极的功能是为氧化剂的电化学还原提供反应活性点。因此在氧化性气氛中,阴极应具有足够高的稳定性、良好的催化活性以及较高的电导率。除此之外,阴极与固体氧化物燃料电池的其他组件间应具有良好的化学相容性。为了避免发生断裂和分层现象,阴极与其他组件的热膨胀系数也应互相匹配;为了给气体运输提供通路,阴极还需具有多孔结构。本书仅介绍目前比较常用的两种阴极材料。

1.3.2.1 $LaMnO_3$基钙钛矿阴极

室温下纯$LaMnO_3$具有正交晶型。当温度超过600 ℃时,部分Mn^{3+}被氧化为Mn^{4+}。这会造成晶体结构由正交型向斜方六面体转变,而向$LaMnO_3$的La位掺杂低价Sr元素会使Mn元素价态升高,从而降低上述晶体结构转变所需的温度。Sr掺杂的$LaMnO_3$基钙钛矿材料是目前普遍使用的高温固体氧化物燃料电池阴极,$La_{1-x}Sr_xMnO_3$(LSM)常与YSZ电解质联用,其突出优点在于:高温时LSM的电子电导率较高,大于100 $S \cdot cm^{-1}$,与YSZ的热膨胀系数相匹配,有较高的催化活性以及良好的化学稳定性。不过,LSM的催化活性会随着温度降低而迅速下降。因此,LSM不宜作为中低温固体氧化物燃料电池阴极材料。

1.3.2.2 $LaCoO_3$基钙钛矿阴极

$LaCoO_3$是同时具有较高离子电导率以及较高电子电导率的混合导体。这种混合导体最大的优点便是它可以把三相区(TPB)从电解质与阴极交界处扩大到整个阴极。向$LaCoO_3$中掺杂Sr元素(LSC)会更大程度提升$LaCoO_3$的电导率,但是LSC的热膨胀系数与YSZ电解质的热膨胀系数相差较大,并且在高温时易与YSZ电解质发生化学反应,因此LSC基阴极更适合与CeO_2基电解质联用,LSC基阴极的热膨胀系数与CeO_2基电解质的热膨胀系数还是有一定的差距,而向Cr位掺杂Fe元素会明显降低LSC的热膨胀系数。其中,Sr、Fe掺杂比例为$La_{0.6}Sr_{0.4}Co_{0.8}Fe_{0.2}O_{3-\delta}$的LSCF材料与SDC和GDC电解质热膨胀系数最为接近。

1.3.3 阳极材料

1.3.3.1 使用条件

固体氧化物燃料电池阳极的功能是为燃料的电化学氧化提供反应场所,因此阳极材料必须满足以下几点要求:

(1)阳极材料需要具有足够高的电子电导率以降低阳极的欧姆损耗。

(2)阳极材料需要具有较高的离子电导率以提高燃料的氧化反应速率。

(3)阳极材料应具备良好的电化学催化能力以降低电极的活化极化损失。

(4)在还原性气氛中,阳极材料应具有良好的化学和物理稳定性。

(5)阳极材料与固体氧化物燃料电池的其他组件应有良好的热匹配性和化

学相容性。

(6)阳极材料应具有多孔结构,为燃料和反应产物提供运输通路。

1.3.3.2 阳极材料类型

目前普遍使用的阳极材料为 Ni 基阳极材料、Cu-CeO_2 基阳极材料以及钙钛矿氧化物阳极材料。接下来对以上阳极材料进行逐一介绍。

(1)Ni 基阳极材料

石墨、贵金属(如 Pt、Au)以及过渡金属(如 Fe、Co、Ni)在固体氧化物燃料电池研究初期曾被用作阳极材料,但是效果并不理想。在固体氧化物燃料电池运行过程中,石墨会因电化学反应而被腐蚀;Pt 容易在短时间内从电解质表面脱落;Fe 易被氧化;Co 虽然性能稳定,但价格昂贵;Ni 与电解质材料的热膨胀系数并不匹配,并且电池运行温度下的金属阳极颗粒容易长大并团聚。因此,纯金属并不适合作为固体氧化物燃料电池阳极材料。针对这一问题,Spacil 提出了金属陶瓷阳极的概念,即通过将金属材料(如 Ni)与电解质 YSZ 混合,形成复合阳极材料。金属陶瓷阳极的优点是电解质材料可以有效地抑制金属阳极颗粒烧结,并提高阳极与电解质材料的匹配度。除此之外,O^{2-}导电的 YSZ 电解质材料还可以增加复合金属陶瓷阳极的离子导电性,进而提升阳极的催化性能。在 Ni-YSZ 复合阳极中,当 Ni 的含量较低时,复合阳极主要体现离子导电行为;当 Ni 的含量较高时,复合阳极主要体现电子导电行为。Ni-YSZ 复合阳极需要具有一定的孔隙率以保证燃料气体在复合阳极处的流动性,但 Ni 的含量会显著影响复合阳极的孔隙率。当氧化物 NiO 被原位还原成金属 Ni 时,其体积会缩小 25%左右。因此,研究人员通常采用造孔剂,如碳纤维、木薯粉、纸纤维、石墨、淀粉等,来控制 Ni-YSZ 复合阳极的孔隙率大小和孔形貌。目前,Ni-YSZ 复合阳极面临的最大问题是,在使用含碳或含硫杂质的燃料时,容易发生碳沉积或硫中毒现象。关于 Ni-YSZ 复合阳极的硫中毒问题,将在本书的 1.4 节中详细介绍。

(2)Cu-CeO_2基阳极材料

CeO_2具有良好的O^{2-}传输能力,其中丰富的晶格氧可有效抑制含碳燃料和含硫燃料造成的碳沉积和硫中毒现象。然而,在燃料气氛中,Ce^{4+}向Ce^{3+}的转变会导致CeO_2晶格膨胀,进而引发阳极与电解质界面的分层和阳极的脱落。向CeO_2中掺杂Gd^{3+}、Sm^{3+}或Y^{3+}可以抑制此材料的晶格膨胀现象,但电子电导率会相应降低。

为了通过掺杂提升CeO_2基阳极的电导率,目前较普遍的做法是将贵金属催化剂与CeO_2进行复合作为阳极。Cu是一种惰性金属,不存在碳沉积问题,且其硫化物不稳定,因此具有较好的耐硫性。此外,人们还尝试用金属Co与电解质材料CeO_2或YSZ进行复合。Co在还原环境中稳定性良好,催化能力较强,且耐硫性较好,但因为其价格昂贵,所以并没有被广泛应用于固体氧化物燃料电池阳极。

(3)钙钛矿氧化物阳极材料

钙钛矿氧化物因其具有天然钙钛矿($CaTiO_3$)结构而得名。理想的钙钛矿型氧化物(ABO_3)具有简单立方结构,其晶胞结构如图1-1所示。其中,A位通常为+3价或+2价的金属阳离子(如稀土金属离子或碱土金属离子),而B位则为+4价或+3价的过渡金属离子。使用低化合价的金属离子对A位进行掺杂,可能会导致材料中产生氧空位或者B位金属阳离子化合价升高。产生氧空位可极大地提高材料的O^{2-}电导率,而B位金属阳离子的选择则决定了材料的电子导电性和催化活性。因此,合理选择掺杂元素对A位金属阳离子和B位金属阳离子进行替换,将有效提升材料的离子电导率、电子导电性和催化活性。目前,$LaCrO_3$基、$SrTiO_3$基钙钛矿氧化物以及其他双钙钛矿氧化物均表现出良好的电化学性能。接下来,对这些材料进行逐一介绍。

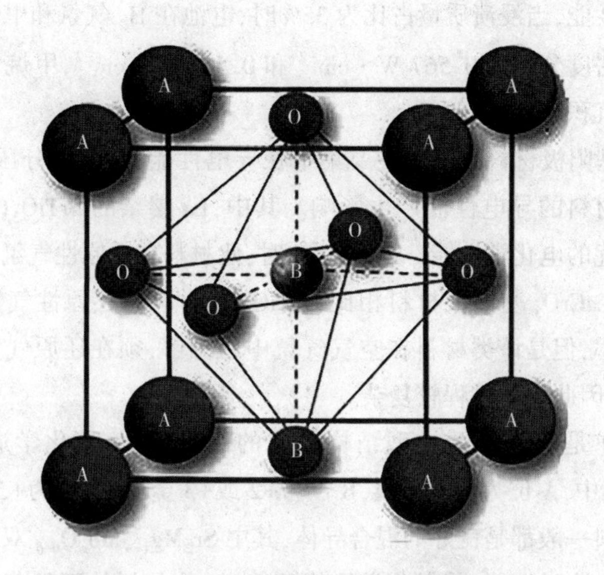

图1-1　钙钛矿型氧化物(ABO_3)结构图

由于$LaCrO_3$基钙钛矿氧化物在氧化气氛和还原气氛中均能保持良好的稳定性,因此它是被研究得最为广泛的固体氧化物燃料电池阳极材料之一。研究人员分别对$LaCrO_3$的A位和B位进行掺杂(A=Ca、Sr,B=Mg、Mn、Fe、Co、Ni、V),并研究了掺杂后材料的热稳定性以及催化活性。结果表明,掺杂材料的电导率在高温下或还原气氛中有较大程度的提升,掺杂材料对烃类燃料氧化反应的催化能力有显著改善。其中,Sr元素和Mn元素掺杂的$La_{0.75}Sr_{0.25}Cr_{0.5}Mn_{0.5}O_{3-\delta}$(LSCrM)复合阳极集优异的催化氧化特性、稳定性和导电性于一身,在900 ℃下,H_2、H_2O与Ar的体积比为5∶3∶92的气氛中可以稳定120 h以上。此材料在纯H_2气氛和甲烷气氛中的极化电阻分别为0.26 $\Omega \cdot cm^{-2}$和0.85 $\Omega \cdot cm^{-2}$。900 ℃时,电解质厚度为300 μm的LSCrM/YSZ/LSM电池在湿H_2气氛和甲烷气氛中的最大输出功率密度分别为0.470 $W \cdot cm^{-2}$和0.200 $W \cdot cm^{-2}$,此性能与Ni-YSZ阳极的性能十分接近。为进一步提高LSCrM阳极的性能,研究人员向LSCrM阳极中加入YSZ电解质材料以提高阳极的离子电导率,并讨论了YSZ的加入量以及烧结温度对复合电极性能的影响。结果表明,经1 200 ℃烧结的质量比为1∶1的LSCrM-YSZ复合阳极的极化电阻最低。除此之外,通过浸渍法向YSZ阳极骨架中引入LSCrM阳极也能大幅度提高其电化学性能，当浸渍质量占比为35%时，电池在 H_2 气氛和甲烷气氛中的最大输出功率密度分别为0.567 W·cm^{-2} 和0.561 W·cm^{-2}，甲烷气氛中并没有明显出现碳沉积现象。

$SrTiO_3$ 基阳极材料的研究主要集中在导电性能方面，氧分压、温度和掺杂量均会对此材料的导电性能产生影响。其中，La 掺杂的 $SrTiO_3$（$La_xSr_{1-x}TiO_3$）表现出了最优的电化学性能。当 x=0.4 时，此材料在还原性气氛中的电子电导率最高。与 $LaCrO_3$ 基阳极材料相比，$SrTiO_3$ 基材料在还原性气氛中具有更高的电子电导率，但是该类材料在空气气氛中易分解，须在还原气氛中烧结才能制备出纯相，因此制备过程较复杂。

双钙钛矿是基于钙钛矿型结构提出的一种材料，其化学通式可表示为 $A_2BB'O_3$。其中，A 位为碱土金属，B 位为+2 或+3 金属，B′位为+5 价过渡金属。双钙钛矿材料一般都是良好的混合导体，其中 $Sr_2Mg_{1-x}Mo_xO_{6-\delta}$ 双钙钛矿阳极显示出极好的电化学性能，其电化学性能随着 Mg 含量增加而显著提升。目前双钙钛矿氧化物阳极的发展还不成熟，性能差异较大，因此仍具有广阔的研究空间。

1.4 固体氧化物燃料电池的阳极硫中毒问题

1.4.1 固体氧化物燃料电池的燃料

因为固体氧化物燃料电池的阳极是燃料进行电化学反应的场所，所以阳极材料的选择以及结构的设计很大程度上受到所使用的阳极燃料类型的影响。目前，在基础研究中，H_2 是使用最广泛的燃料，但是 H_2 的储存和运输难度较大，并且价格昂贵。因此，固体氧化物燃料电池商业化使用纯 H_2 作为燃料是不太现实的。

较强的燃料适应性是固体氧化物燃料电池的突出优点。理论上，任何可燃的还原性气体或组分均可作为固体氧化物燃料电池的燃料来使用。因此，固体氧化物燃料电池可以利用的燃料范围广泛，包括碳氢燃料（如沼气、天然气、煤合成气等）、碳质固体燃料（如煤、生物质等）和液体燃料（如乙醇、汽油等）。但是，当使用这些廉价燃料时，固体氧化物燃料电池的阳极易与燃料中的硫杂质发生硫化反应，进而引发阳极硫中毒，导致电池的电化学性能迅速衰退。传统的 Ni 基阳极硫中毒阈值较低，而替代型阳极如 LSCrM、$Sr_{1-x}La_xTiO_3$(LST，x = 0.3~0.4)以及 $La_{0.7}Sr_{0.3}VO_3$(LSV)虽能把硫中毒阈值提升几百倍，甚至几千倍，但还是难以完全避免硫中毒。

在高温条件下，H_2S 的消耗形式较为复杂。阳极硫中毒程度与 H_2S 在高温时的转化产物种类密切相关。高温时，H_2S 只有很小的可能性会发生如式(1-3)所示的热分解反应，大多情况下它经历的是如式(1-1)和式(1-2)所示的反应过程。由此生成的 SO_2 会进一步与多余的 H_2S 发生反应，生成硫单质，如式(1-6)所示。阳极在硫毒化过程中的性能衰退可归结于两个原因：其一，H_2S 在阳极表面活性点处发生物理吸附或化学吸附，减少了阳极表面的电化学活性位；其二，硫与阳极材料发生硫化反应，使阳极材料的电导率、稳定性以及催化活性降低。

$$H_2S + 3O^{2-} \longleftrightarrow H_2O + SO_2 + 6e^- \quad (1-1)$$

$$H_2S + O^{2-} \longleftrightarrow H_2O + S + 2e^- \quad (1-2)$$

$$H_2S \longleftrightarrow H_2 + S \quad (1-3)$$

$$S + 2O^{2-} \longleftrightarrow SO_2 + 4e^- \quad (1-4)$$

$$H_2 + O^{2-} \longleftrightarrow H_2O + 2e^- \quad (1-5)$$

$$2H_2S_{1/n} + S_{1/n}\ O_2 \longleftrightarrow 2H_2O + 3/nS\ (n=2\sim8) \quad (1-6)$$

1.4.2 耐硫中毒阳极研究进展

硫中毒研究起源于 H_2S/空气燃料电池，但近些年，研究重点已转移至含 H_2S 燃料的固体氧化物燃料电池。固体氧化物燃料电池阳极材料的发展史如图 1-2 所示，耐硫中毒固体氧化物燃料电池阳极材料的探索进程与此一致。

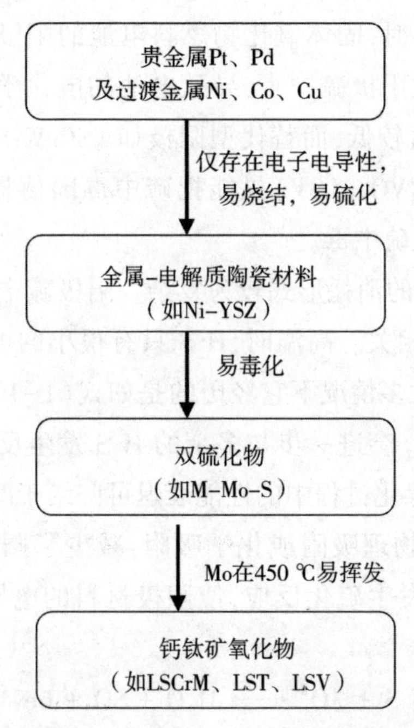

图 1-2　固体氧化物燃料电池阳极材料的发展史简图

贵金属材料 Pt 具有较高的电子导电性,并对 H_2S 有较高的催化能力,但是产生 PtS 会导致 Pt 阳极性能迅速下降。H_2S 对 Ni 有非常强的毒化作用,少量的 H_2S 即可造成 Ni 阳极活化极化损失显著增大。在高温条件下,金属 Pt 易分层脱落,而金属 Ni 则容易发生颗粒团聚。因此,纯金属不适合作为固体氧化物燃料电池的阳极,更不适合在含 H_2S 燃料的气氛中使用。为了避免金属颗粒的烧结,并提升阳极与电解质的匹配性,Ni-YSZ 和 Co-YSZ 等金属陶瓷复合阳极材料被广泛研究。虽然这些金属陶瓷复合阳极材料的耐硫中毒能力稍有提高,但是 H_2S 还是极易与其中的金属发生硫化反应。极低浓度的 H_2S 就可以导致 Ni-YSZ 的性能严重衰退,主要毒化机制包括 H_2S 在 Ni 表面的物理吸附、H_2S 高温分解产物 S 的化学吸附以及硫化反应,其反应表达式为:

$$H_2S \longleftrightarrow HS + H \longleftrightarrow S + H_2 \tag{1-7}$$

$$Ni + H_2S \longleftrightarrow NiS + H_2 \tag{1-8}$$

$$3Ni + xH_2S \longleftrightarrow Ni_3S_x + xH_2 \tag{1-9}$$

在 H_2S 的体积百分比为 0.000 2% 的气氛中,Singhal 的测试表明,温度分别为1 000 ℃和950 ℃时,以Ni-YSZ为阳极的电池输出电压衰退率(放电电流密度为0.160 A·cm^{-2})分别为2%和9%。Matsuzaki和Yasuda证实了Singhal的研究结果,并发现在相同条件下,当温度分别为1 000 ℃和950 ℃时,Ni-YSZ阳极极化阻抗的增加率分别为18%和72%。Zha等人给出的电池输出功率衰退率与温度和H_2S浓度的关系曲线进一步说明电池输出功率衰退率随着温度降低和H_2S浓度升高而增加。因此,可以通过提高电池运行温度和降低燃料中的H_2S浓度来避免Ni-YSZ阳极的硫中毒现象。此外,Li等人研究发现在燃料中掺入水蒸气可以降低Ni-YSZ阳极支撑型电池在含S燃料中的输出电压衰退率,但是阳极硫中毒产物的最终形式并不会发生改变。

Pakulska等测试了Co-YSZ阳极材料在天然气中的硫毒化情况。研究发现,Co-YSZ阳极的硫中毒产物为CoS,毒化过程中电池的性能先降低后回升,硫毒化后金属Co表面形成了一层含S、O和C的银灰色薄膜。在关于混合氧化物水煤气变换催化剂耐硫性能的研究中,Roberge发现金属Co不仅对水煤气变换有较强的催化能力,而且展现出较高的耐硫中毒性能,存在金属Co令硫中毒阈值提升至H_2S的体积百分比为0.024%。

MoS_2是目前普遍使用的双硫化物耐硫阳极材料。虽然MoS_2及复合金属硫化物的导电性和催化活性都比较高,但是MoS_2在高温条件下易升华,因此MoS_2材料的工作温度应低于450 ℃。Winnick等人发现,$LiS_2/CoS_{1.035}$和WS_2对燃料中H_2S的脱除率高达75%,因此双硫化物通常可用作脱硫材料。与上述阳极材料相比,钙钛矿氧化物材料是电化学性能较稳定且耐硫能力较强的固体氧化物燃料电池阳极。其中,LST、$La_{1-x}Sr_xVO_3$(LSV)和LSCrM是公认的耐硫能力较强的阳极材料。Mukandan等人研究发现,当H_2S的体积百分比由0.001%增加至0.010%时,LST阳极的过电位会衰退6%;然而,当H_2S的体积百分比进一步增加至0.050%时,阳极的电化学性能反而会提升20%,且尾气成分中没有检测到SO_2,仅有H_2O。其原因可能是高浓度H_2S分解的H_2产物参与LST阳极电化学反应,从而提升了阳极的电化学性能。LSV是一种新型耐硫钙钛矿阳极,研究结果表明,在H_2S体积百分比为5%~10%的气氛中,LSV的电化学性能可以保持48 h稳定不衰退。然而,LSV的催化活性相对较差,所以它常与Ni-YSZ结合使用以提升阳极的催化能力。此外,Ni-YSZ阳极表面的LSV保护层也会极大地提高阳极的耐硫能力。LSCrM是化学性能较稳定的耐硫阳极,但是在较高浓度的 H_2S 气氛中,其电化学性能仍会迅速衰退。衰退的主要原因是毒化过程中生成了 MnS 和 La_2O_2S 等杂相,且杂相的生成量会随着 LSCrM 中 Mn 掺杂剂量增加而增加。在 LSCrM/GDC 阳极的硫中毒研究中发现,在 850 ℃、较高浓度 H_2S(体积百分比为 0.5%)的甲烷气氛中,阳极电流每小时的衰退率为 1.4%。X 射线衍射(XRD)谱图显示,硫中毒产物主要包括 MnS、La_2O_2S 和 MnOS 等。

1.5 阳极硫中毒再生研究现状

从固体氧化物燃料电池耐硫阳极的研究进展来看,研究人员主要通过开发替代型阳极材料和探索抑制阳极硫中毒的有效手段来避免阳极硫中毒现象。在固体氧化物燃料电池阳极材料漫长的发展历程中,虽然阳极材料体系已从金属阳极材料过渡到了钙钛矿氧化物阳极材料,但阳极硫中毒问题还是未能得到彻底解决。这意味着寻找替代型阳极材料的研究过程相当漫长。当前,抑制阳极硫中毒的手段主要有加湿燃料、降低 H_2S 浓度以及提升固体氧化物燃料电池的工作温度,但加湿燃料仅能改变 H_2S 对阳极的攻击模式,而不会改变最终的硫中毒产物;而通过脱硫装置来降低 H_2S 浓度的成本较高;提升工作温度则对固体氧化物燃料电池的封接材料和阴极提出了更高的要求。因此,这些方法均不是解决硫中毒问题的根本方法。

此前阳极硫中毒的研究多集中在不同温度以及 H_2S 浓度对阳极电化学性能的影响上,研究方式没有新突破。在探索替代型阳极以及寻找抑制阳极硫中毒方法的过程中,研究人员对阳极在硫中毒后的再生问题的研究关注不足。但从长远来看,对已经发生硫中毒的阳极进行再生处理才是解决固体氧化物燃料电池阳极硫中毒问题的关键。此前文献提及再生概念的仅占极少数,对阳极硫中毒后实施再生处理的研究更是少之又少。现有的研究主要集中在 Ni 基阳极(如 Ni-YSZ 和 Ni-GDC)的再生研究上,如 Liu 等人研究了在 800 ℃、H_2S 体积百分比为 0.005%气氛中,Ni-YSZ/YSZ/LSM 电池输出电流的衰退及再生情况。然而,关于钙钛矿氧化物阳极硫中毒后的再生研究尚未见报道。

研究表明,向 H_2 气氛中加入体积百分比为 0.005% 的 H_2S 的瞬间,电池输出电流就有 16.67% 的衰退率;经 125 h 的硫毒化后,总衰退率达到了 20.62%。

移除 H_2S 后，电池的输出电流缓慢回升，这说明移除 H_2S 可以使硫中毒 Ni-YSZ 阳极的电化学性能实现一定程度的恢复（即再生）。然而，历经 50 h 的再生处理，其电流最终还是没能恢复到毒化前的水平。这意味着单纯靠移除 H_2S 污染物并不能使硫中毒的 Ni-YSZ 阳极在短时间内实现完全再生。

Zhang 等人以三电极的方法分别研究了 Ni-YSZ 和 Ni-GDC 阳极电位在硫中毒以及再生后的变化情况。在 800 ℃以 0.200 $A \cdot cm^{-2}$ 的电流密度进行恒流放电时，硫毒化前 Ni-YSZ 阳极的电位为 0.65 V，不同浓度 H_2S 均会导致硫毒化。阳极电位在每次移除 H_2S 气体后均有所升高，但是再生后的 Ni-YSZ 阳极电位最终为 0.5 V。与 Ni-YSZ 相比，Ni-GDC 阳极表现出稍强的耐硫能力。Ni-GDC 阳极在 800℃、0.200 $A \cdot cm^{-2}$ 电流密度恒流放电时，其电位变化趋势与 Ni-YSZ 阳极基本相同。硫毒化前 Ni-GDC 阳极的电位为 0.79 V，Ni-GDC 同样可以被不同浓度的 H_2S 所毒化。每次移除 H_2S 气体后，Ni-GDC 阳极的电位均有所升高，但是再生后的 Ni-GDC 阳极电位最终为 0.76 V，未能恢复至初始值。

以上研究均是移除 H_2 燃料中的 H_2S 杂质数小时后实现硫中毒阳极再生的，此方法可以在一定程度上恢复硫中毒阳极的电化学性能，但并不能完全再生。因此，此方法并不是最有效的再生方法。除此之外，这种再生方法还需在纯 H_2 燃料中恒流或恒压放电数十小时甚至更长的时间，才能实现阳极性能的不完全再生，这意味着此再生过程耗时较长。因此，开发一种新的，并且能够更有效、更快捷地实现硫中毒阳极再生的方法是当前急需解决的问题。

1.6　本书的研究目的和内容

对硫中毒阳极进行再生是有望从根本上解决固体氧化物燃料电池阳极硫中毒问题的新方法。阳极的硫中毒产物主要包括吸附硫单质和金属含硫化合物。结合硫单质和金属含硫化合物中的硫在高温时都可以被 O_2 氧化并以 SO_2 的形式挥发这一化学性质，本书提出对硫毒化阳极进行氧化法再生的新思路。为了对硫中毒阳极实施氧化再生，本书又进一步提出化学氧化和电化学氧化两种再生方法。由于氧化再生过程需要在氧化气氛中进行，因此需要选择可以在氧化气氛中保持稳定的阳极材料。传统的 Ni 基金属陶瓷材料缺乏耐氧化还原循环的能力，LST 材料在氧化气氛中不稳定，易分解，LSV 材料的稳定性虽然良好,但是催化能力较差,因此这三种材料都不适宜被选为硫毒化阳极材料。LSCrM在氧化-还原气氛中均比较稳定,催化能力也较为良好,因此本书选取它作为硫毒化阳极材料。

本书的主要研究内容包括:

(1)研究LSCrM阳极在使用含体积百分比为0.005%的H_2S杂质的H_2燃料时的耐硫中毒能力,对硫中毒产物进行表征;采用化学氧化法对硫中毒LSCrM阳极进行再生,分析再生机制;研究短时间内反复多次硫毒化-化学氧化再生循环对LSCrM阳极的影响及相关机制。

(2)采用电化学氧化法对硫中毒LSCrM阳极进行再生,结合有关产物的第一性原理计算结果分析再生机制;研究短时间内反复多次硫毒化-电化学氧化再生循环对LSCrM阳极的影响及相关机制。

(3)采用浸渍法向LSCrM多孔电极中引入Co和Ni金属催化剂,研究Co催化剂的加入量对LSCrM阳极电化学性能的影响及机制;对LSCrM复合阳极的耐硫中毒能力进行研究,并结合硫中毒后的阳极物相和微观形貌,深入探索硫中毒机制;分别采用化学氧化和电化学氧化再生法对硫中毒的LSCrM复合阳极进行再生,并分析再生机制。

(4)针对金属催化剂修饰的基底阳极不适用于电化学氧化再生的问题,提出采用氧化物催化剂对金属催化剂进行固定,通过控制两种催化剂的浸渍顺序和浸渍量,形成一种由氧化物催化剂、金属催化剂和基底阳极共存的复合阳极结构,以LSCrM-Ni-CeO_2为例,确定了其催化机制、耐硫中毒能力、电化学氧泵再生能力。

(5)基于LSCrM-Ni-CeO_2阳极结构的构建思路,我们以Ni和CeO_2为研究对象,制备具有不同催化剂含量和形态的复合材料。随后,我们将这些复合材料应用于碱性电解水研究中。在此过程中,我们可初步探索Ni和CeO_2催化剂材料在析氢、析氧及全解水反应中的性能变化趋势,并对其催化机制进行深入分析。

第 2 章　LSCrM 阳极的硫中毒机制及化学氧化再生法研究

2.1 引言

阳极硫中毒是制约固体氧化物燃料电池商业化的主要原因之一，也是固体氧化物燃料电池商业化进程中需要重点解决的问题。目前，研究人员通过寻找替代型阳极材料、安装脱硫装置、加湿燃料、提升工作温度等方法来抑制阳极硫中毒，但是，这些方法均存在局限性。例如，从 Ni、Au、Pt、Pd 等金属阳极材料过渡到 LSCrM、LSV、LST 等钙钛矿氧化物阳极材料虽然能提升阳极硫中毒阈值，但脱硫装置成本较高且脱硫能力有限，加湿燃料并不会改变最终的硫中毒产物类型，而提升工作温度则会缩短固体氧化物燃料电池的工作寿命。因此，以上方法均不能彻底避免阳极硫中毒，也无法从根本上解决阳极硫中毒问题。针对上述问题，寻找有效的阳极再生方法成为解决阳极硫中毒问题的关键。

此前 LSCrM 阳极耐硫能力的研究主要集中在不同 Mn 掺杂剂量对 LSCrM 材料耐硫性的影响以及高浓度 H_2S（含体积百分比为 10% H_2S 的 H_2S/H_2）气氛中 LSCrM 阳极的硫中毒机制上。但实际固体氧化物燃料电池燃料中的 H_2S 体积百分比远不及 10%，其实际体积百分比为 0.005%～0.100%。因此，本书选择在体积百分比为 0.005% H_2S 气氛中研究 LSCrM 阳极的耐硫中毒能力，并探索其再生方法。

本章首先研究在使用含体积百分比为 0.005% H_2S 杂质的 H_2 燃料时 LSCrM 阳极的耐硫中毒能力；其次，基于 LSCrM 材料较好的氧化-还原稳定性提出一种快速、有效的化学氧化再生法，并探讨 LSCrM 阳极的再生机制；最后，进一步研究短时间内多次硫毒化-化学氧化再生过程对 LSCrM 阳极的影响，并分析其衰退机制。

2.2 LSCrM 阳极的制备与物相表征

LSCrM 阳极材料采用溶胶-凝胶方法制备。首先，按照化学计量比称取 La_2O_3、硝酸锶（99.5%）、九水硝酸铬（99.5%）、硝酸锰（50% 水溶液）以及配位剂柠檬酸（99.5%）和乙二胺四乙酸（EDTA，99.5%）。将预烧（1 000 ℃，2 h）后的 La_2O_3 溶于稀硝酸中，配制硝酸镧溶液。待其完全溶解并搅拌均匀后,加入硝酸锶、九水硝酸铬和硝酸锰,并以金属离子、柠檬酸物质的量比为EDTA=1∶1.5∶1的比例向溶液中加入柠檬酸和EDTA。随后,使用电动搅拌器持续搅拌,并以80 ℃加热使水逐渐蒸发。接着,将盛有胶体的烧杯放入烘箱,在200 ℃下彻底烘干。得到前驱粉后,在1 050 ℃下煅烧3 h,最终得到LSCrM粉末。由图2-1可知,高温煅烧后的LSCrM粉末呈单相状态,具有立方钙钛矿结构。

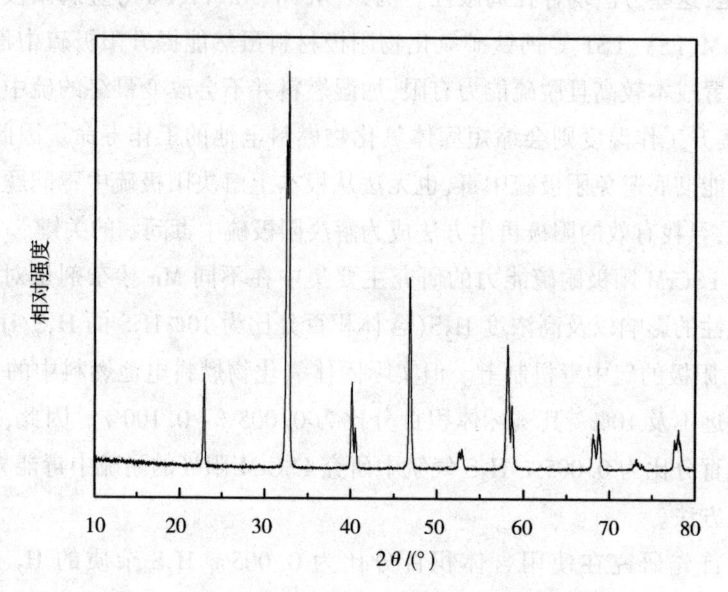

图2-1 1 050 ℃条件下煅烧3 h的LSCrM粉末的XRD图

2.3 LSCrM对H_2S高温裂解催化能力表征

H_2S在固体氧化物燃料电池工作温度下可以高温裂解并生成H_2和硫单质(S_n,即由若干硫原子聚合成的硫分子),该反应的表达式如式(2-1)所示。若有电极催化剂存在,H_2S的高温裂解过程可能会加速。

$$nH_2S \longrightarrow nH_2 + S_n \tag{2-1}$$

本节采用气相质谱仪探测H_2S裂解产物中的H_2信号,并以无催化剂时H_2的相对强度为对比,探讨LSCrM阳极对H_2S燃料是否具有催化活性。没有采用裂解产生的硫作为检测信号的原因是 H_2S 裂解产生的 S_n 可能具有不同的分子量，而且其处于低温区时容易在实验装置的石英管壁以及质谱仪的进样毛细管壁上沉积。因此，在裂解产物进入质谱仪毛细管之前，在管路中放置变色硅胶颗粒以吸附 S_n 从而避免硫的凝华物堵塞质谱仪的进样毛细管。

本节实验选取的工作温度为 850 ℃，将 0.2 g LSCrM 阳极粉末用石英棉封在内径为 8 mm 的石英管中部，并置于程控高温炉中。实验开始时，以 10 ℃ · min^{-1} 的升温速率由室温升至测试温度，同时通入流量为 50 $m^3 \cdot min^{-1}$ 的 Ar。到达测试温度后，停止通入 Ar 并以 10 $m^3 \cdot min^{-1}$ 的流速通入 H_2S 体积分数为 5% 的 H_2S 与 N_2 的混合气体。随后，采用气相质谱仪对 H_2S 裂解产生的气体进行分析检测。图 2-2 是 H_2S 质谱测试装置图。

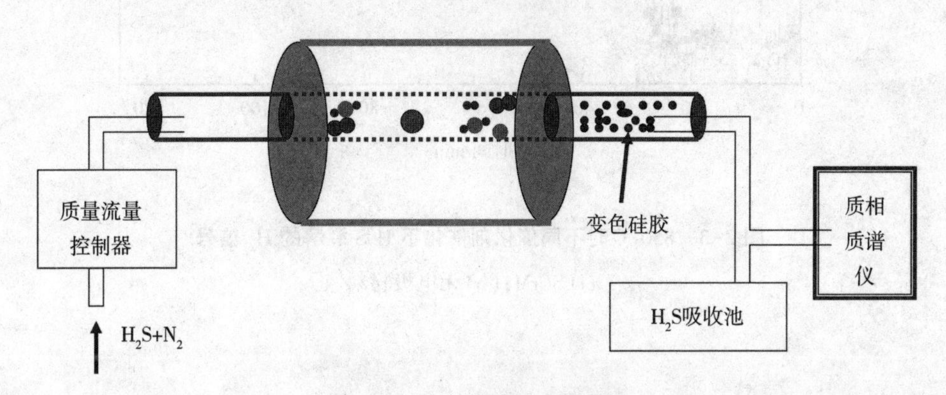

图 2-2　H_2S 质谱测试装置图

本节通过对比无催化剂时 H_2S 自身高温（850 ℃）裂解产生的 H_2 信号强度，来评估 LSCrM 对 H_2S 裂解的催化活性。在测试开始前，首先向玻璃管内通入 Ar 气体持续 20 min，此时质谱仪测得的 H_2 信号主要来源于质谱仪内部残留的 H_2 信号。随后，撤去 Ar 气体并通入 H_2S，此时的质谱仪测得的 H_2 信号则代表了玻璃管内 H_2S 裂解产生的 H_2 信号。因为 LSCrM 阳极材料具有一定的催化能力，所以 LSCrM 催化 H_2S 裂解产生的 H_2 信号强度明显高于无电极材料，即 H_2S 自身裂解产生的 H_2 信号强度，这一结果如图 2-3 所示。此外，LSCrM 催化 H_2S 裂解产生的 H_2 可作为阳极燃料加以利用，同时，裂解过程中生成的硫有可能在电极表面沉积，甚至与阳极材料发生反应并生成某些含硫化合物。

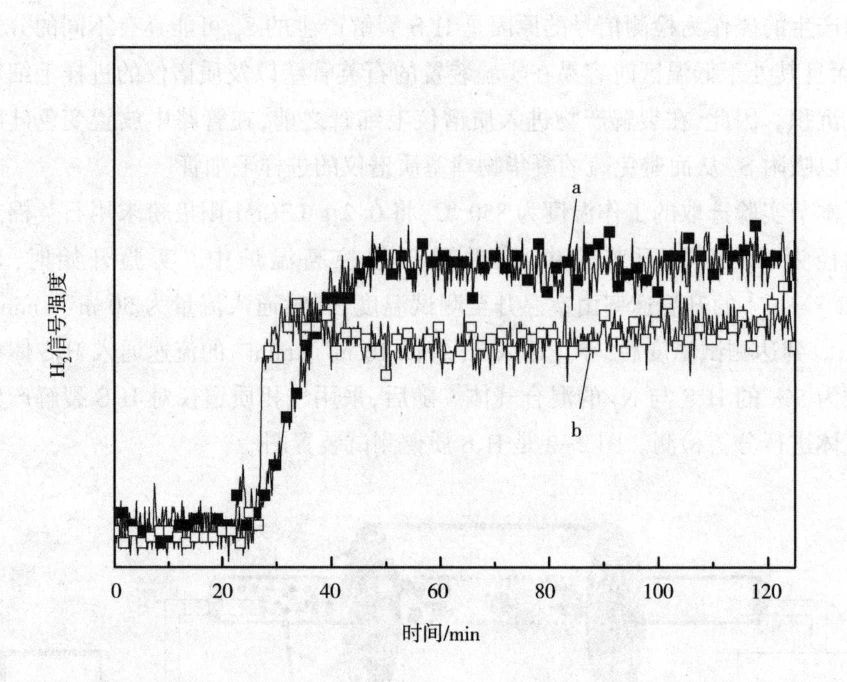

图 2-3　850 ℃时不同催化剂催化下 H_2S 裂解的 H_2 信号

(a) LSCrM；(b) 无电极材料

2.4　LSCrM 阳极耐硫中毒能力研究

本书 2.3 节的实验证明 LSCrM 阳极对 H_2S 的裂解反应有一定的催化性。因此，接下来需要研究含 H_2S 的 H_2 燃料对 LSCrM 阳极的物相和形貌的影响。本节还将考察以 LSCrM 为阳极的全电池在该燃料作用下的电化学性能变化。这将是表征 LSCrM 阳极耐硫中毒能力最直接的手段。

2.4.1　制备全电池

选用 8YSZ 为电解质材料，利用粉末压片机在 600 MPa 的表观压强下将其压制成直径为 13 mm 的初始坯体。随后，在 1 400 ℃高温下烧结 4 h，高温烧结后的电解质厚度为 200 μm。选用传统的阴极材料 LSM 作为固体氧化物燃料电池阴极。

将 LSCrM 与乙基纤维素和松油醇配制成的黏结剂混合并研磨 1 h,制备 LSCrM 阳极浆料。将 LSCrM 替换为 LSM,进行同样的操作,制备 LSM 阴极浆料。接着,将 LSCrM 阳极浆料和 LSM 阴极浆料分别涂覆到 8YSZ 电解质的两侧,并在 1 100 ℃下烧结 2 h。

在电池阳极和阴极表面涂覆 DAD-87 银导电胶,并分别粘连两根银丝。在阴极侧靠近电解质边缘处涂覆银导电胶作为参比电极,并粘连一根银丝。将粘连了银丝的全电池在 200 ℃下烘干 10 min,然后用陶瓷封接材料将电池固定到陶瓷管的一端,并封堵电池和陶瓷管之间形成的缝隙,以确保形成阳极独立气室并避免阳极燃料泄漏。

在全电池电化学性能测试时,参比电极空置,测试方法为两电极四引线。而在进行 LSCrM 阳极阻抗谱测试时,应排除阴极处的电压降,只测试阳极处的电压降;此时,电压线应接在参比电极处,测试方法为三电极。电池电化学测试装置如图 2-4 所示。

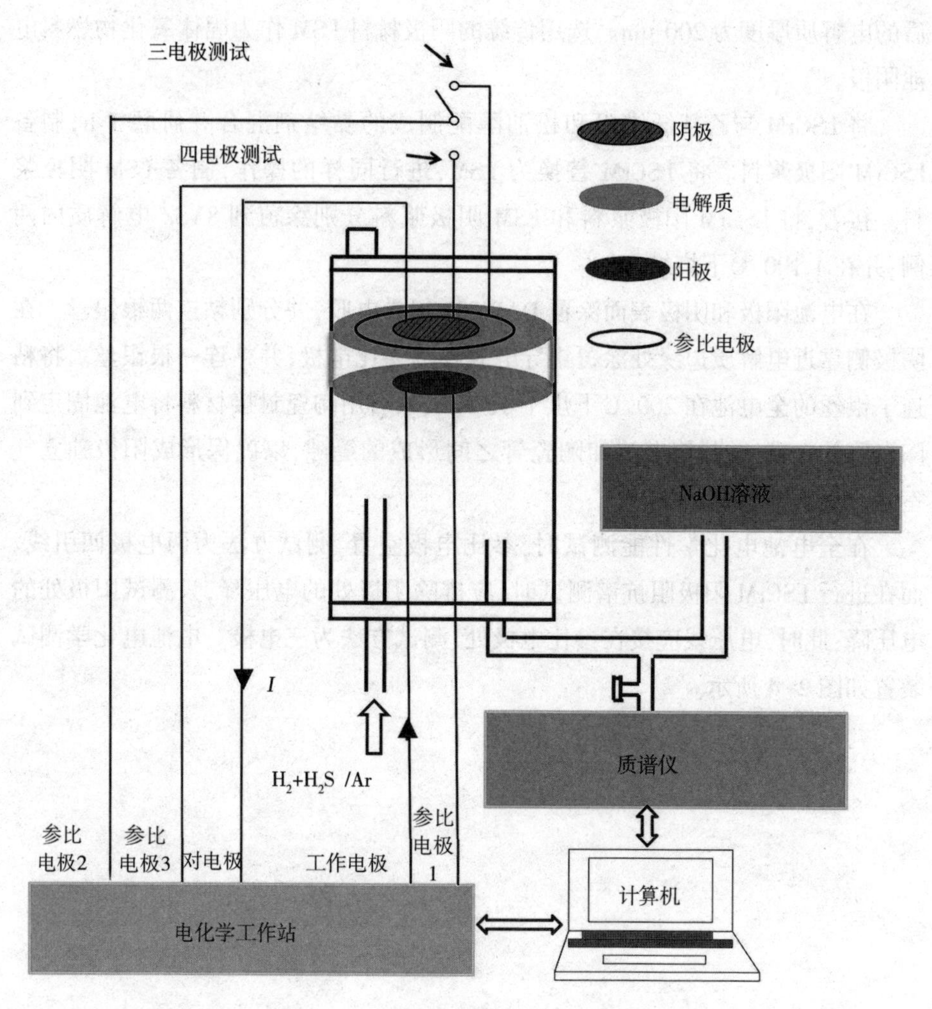

图 2-4 电池电化学测试装置图

2.4.2 LSCrM 反应过程分析

在研究 LSCrM 阳极硫毒化和氧化再生前,应首先对 LSCrM 阳极的电极过程进行深入分析,以清晰了解硫毒化以及再生过程对 LSCrM 阳极每个电极过程的影响。为此本节测试不同 H_2 分压下 LSCrM 阳极的阻抗谱,并分析阻抗谱中每个弧与 H_2 分压的关系,从而明确每个弧所对应的电极过程。

LSCrM 阳极阻抗谱测试的 H_2 分压分别为 0.2 atm(1 atm = 101 325 Pa)、0.4 atm、0.6 atm、0.8 atm 和 1.0 atm,频率范围为 $10^6 \sim 10^{-2}$ Hz。如图 2-5 所示,总极化阻抗随着 H_2 分压降低而显著增大,高频阻抗值受 H_2 分压的影响较小,而低频阻抗受 H_2 分压的影响较大。

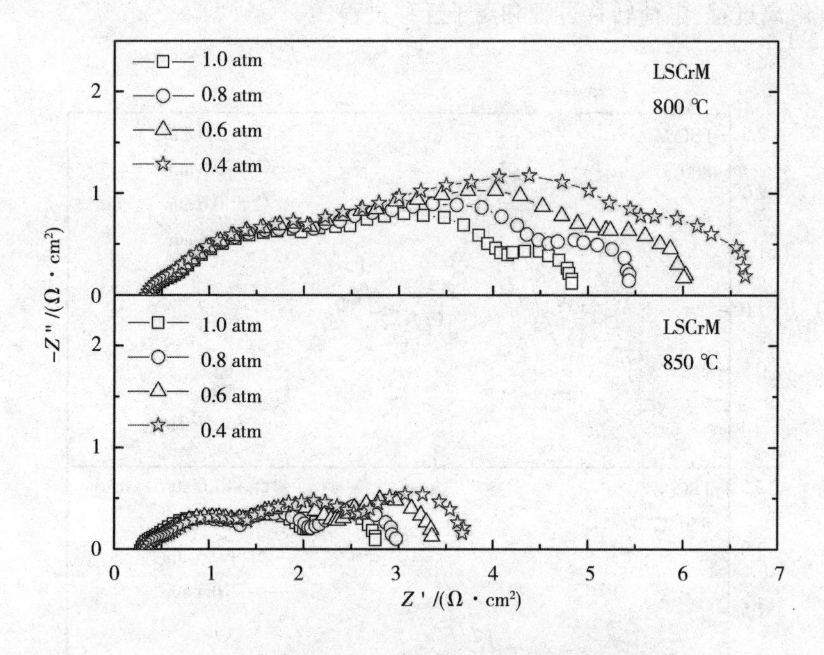

图 2-5　不同 H_2 分压下 LSCrM 阳极的阻抗谱

弛豫时间分布函数去卷积的方法被用于研究 Ni-YSZ 阳极在 H_2 气氛下的电极过程,结果说明影响 Ni-YSZ 阳极性能的主要控制步骤有四个,高频区域与低频区域分别有两个。其中,高频区域的两个电极过程分别是电荷转移过程和离子迁移过程,低频区域的两个电极过程分别是气体的吸附/解离过程和气体的扩散过程。文献报道 O^{2-} 迁移过程对应的频率范围是 20 ~ 30 kHz,电荷转移过程对应的频率范围为 2 ~ 8 kHz,气体的吸附/解离过程对应的频率小于 200 Hz,气体的扩散过程对应的频率小于 10 Hz。

对阻抗谱进行弛豫时间分布技术处理,结果如图 2-6 和图 2-7 所示。从图中可以看出,由高频区域到低频区域的 P1、P2、P3、P4 分别对应 4 种不同的电极过程。一般来说，限制电极性能的控制步骤有 4 个，即离子迁移过程、电荷转移过程、气体吸附/解离过程和气体扩散过程。P1 只受 H_2 分压的影响，P2 同时受 H_2 分压和温度的影响，P3 和 P4 受温度的影响较大；P1、P2、P3 和 P4 的峰值频率范围分别为 0.01 ~ 1.00 Hz、1.00 ~ 35.00 Hz、35.00 ~ 2.80×10^3 Hz 和 2.80×10^3 ~ 1.10×10^5 Hz。由此推断，P1、P2、P3、P4 分别为气体扩散过程、气体吸附/解离过程、电荷转移过程和离子迁移过程。

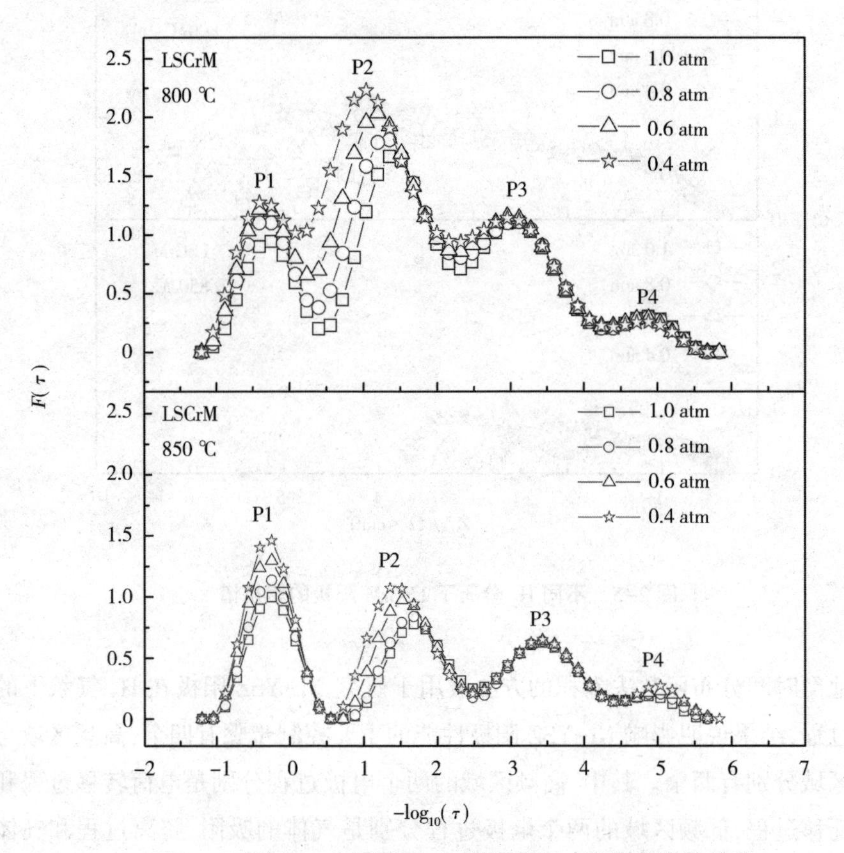

图 2-6　不同 H_2 分压下 LSCrM 阳极阻抗虚部与频率的关系

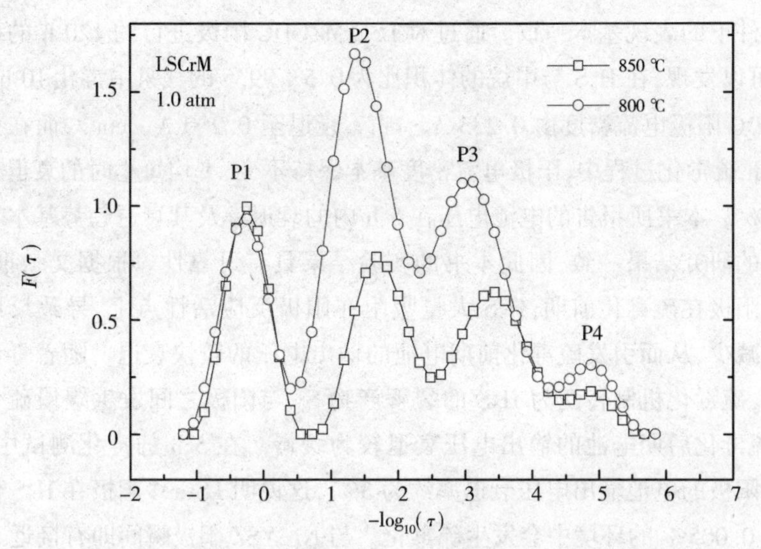

2-7　1.0 atm、不同温度下 LSCrM 阳极阻抗虚部与频率的关系

2.4.3　硫中毒前后 LSCrM 阳极的电化学性能

将组装完成的电池置于高温电炉中，首先通入高纯 Ar 排出电池内的空气，并按一定程序将温度升至工作温度（850 ℃）。随后，在阳极一侧通入燃料气体 H_2 开始实验。待电池性能稳定后，测试纯 H_2 气氛中电池的开路电压、放电曲线以及阳极阻抗谱。接着，为了对阳极进行硫毒化，在 H_2 燃料中混入体积百分比为 0.005% 的 H_2S 气体（使用 H_2S 的体积百分比为 0.2% 的 H_2S/Ar 混合气体进行流动配气），并控制气体总流量为 50 $m^3 \cdot min^{-1}$。工作过程中，电池的阴极从流动的空气中获取氧化剂 O_2。为评估电池和阳极的性能，使用 VSP 双通道恒电位仪进行全电池以及 LSCrM 阳极的电化学性能测试。本节所论述的 LSCrM 阳极的硫中毒过程持续了约 5 h，其间电池以 0.120 $A \cdot cm^{-2}$ 的电流密度进行恒流放电，记录恒流放电过程中电池输出电压的变化。完成 5 h 硫毒化后，分别测试电池的电化学性能以及阳极的阻抗谱。

在恒流放电毒化实验过程中，全电池的路端电压随时间的变化情况如图 2-8 所示。当通入含有体积百分比为 0.005% 的 H_2S 杂质的 H_2 后，电池的输出电压发生明显衰退，并在 1 h 后逐渐趋于稳定。此衰退趋势与 LSCrM/GDC 阳极在相似条件下的表现基本一致。通过对 LSCrM/GDC 阳极进行约 120 h 的硫毒化研究,可以发现,在 H_2S 与甲烷的体积比为 0.5∶99.5 的气氛中毒化 10 h 后,LSCrM/GDC 阳极电流密度由 0.233 A·cm^{-2} 衰退至 0.200 A·cm^{-2},而在接下来的 110 h 硫毒化过程中,阳极电流密度基本保持不变,平均每小时的衰退率仅为 0.017% 。本书所报告的电池电压在 5 h 内的衰退率及其衰退趋势基本与其他研究者的研究结果一致,因此本书的实验结果具有可靠性。根据文献报道,LSCrM 等阳极在硫毒化前期,H_2S 大量吸附在阳极反应活性点上,导致反应活性点迅速减少,从而引发硫毒化前期电池的输出电压的较快衰退。随着毒化过程的进行,硫毒化机制转变为 H_2S 的裂解产物 S_n 与阳极之间发生缓慢硫化反应,因此硫毒化后期电池的输出电压衰退较为缓慢。在 5 h 的毒化测试中,以 LSCrM 为阳极的电池输出电压衰退率约为 3% ,这说明 LSCrM 阳极在 H_2S 体积百分比为 0.005% 的环境中会发生硫毒化。与 Ni-YSZ 阳极瞬间即有接近 20% 的电压衰退率相比,LSCrM 表现出较强的耐硫毒化能力。

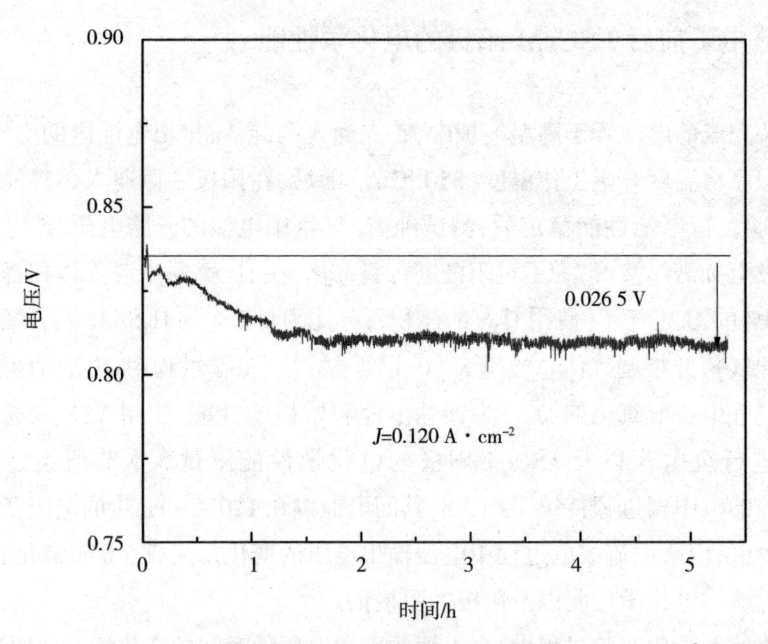

图 2-8 在 850 ℃、体积百分比为 0.005%的 H_2S 气氛、0.120 A·cm^{-2} 电流密度条件下恒流放电过程中电池输出电压的变化情况

硫毒化前后电池放电电压和输出功率密度随电流的变化情况如图 2-9 所示。毒化前电池的开路电压为 1.1 V,最大输出功率密度为 0.116 W · cm^{-2}。经过 5 h 硫毒化后,电池的开路电压依然为 1.1 V。这说明 5 h 的毒化测试并没有对阳极造成严重损伤,也未引发电池漏气问题。因此,硫毒化后的其他测试数据是真实、可靠的。不过,毒化后电池的最大输出功率密度有所降低,降为 0.109 W · cm^{-2}。

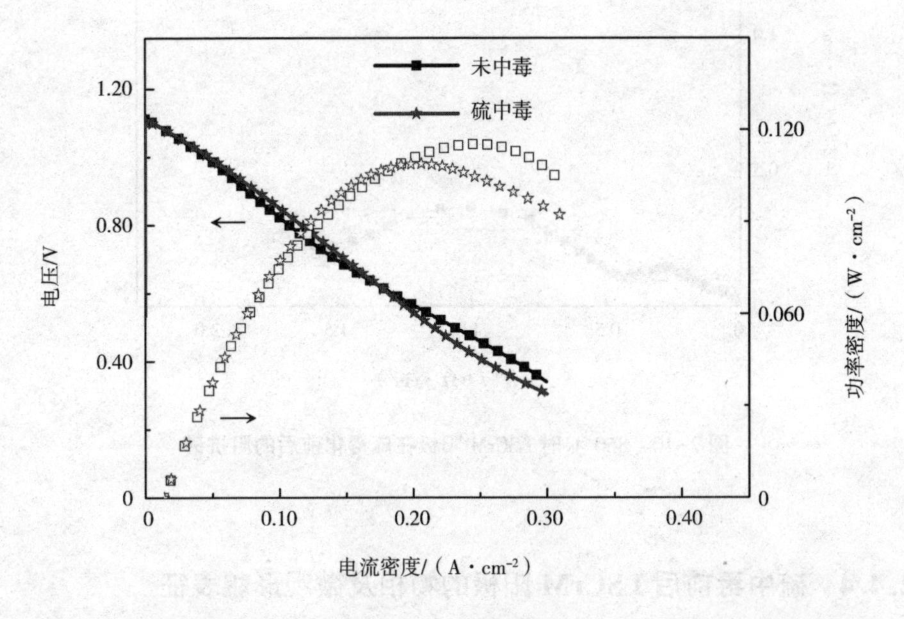

图 2-9　850 ℃时以 LSCrM 为阳极的固体氧化物燃料电池在毒化前后的输出性能

由于阻抗谱测试需在稳定的电极系统中进行,而持续的硫毒化会使 LSCrM 阳极处在一个相对不稳定的状态,因此只能通过缩短每次阳极阻抗谱的测试时长以保证 LSCrM 阳极的相对稳定性以及测试结果的可靠性。在硫毒化-氧化再生研究中,LSCrM 阳极阻抗谱的测试频率范围设置为 10^6 ~ 10^{-1} Hz。由于阳极阻抗测试最低频率变为 10^{-1} Hz 而不是之前的 10^{-2} Hz,阳极阻抗谱中对应于气体扩散过程的弧并没有测试完全,但这并不影响对硫毒化机制的分析。如图 2-10 所示,硫毒化后阳极阻抗谱中的每个弧都明显增大。关于电池输出性能降低以及LSCrM阳极阻抗增大,在本书的2.4.4中,笔者将通过分析毒化后LSCrM阳极的成分以及微观形貌来进行解释。

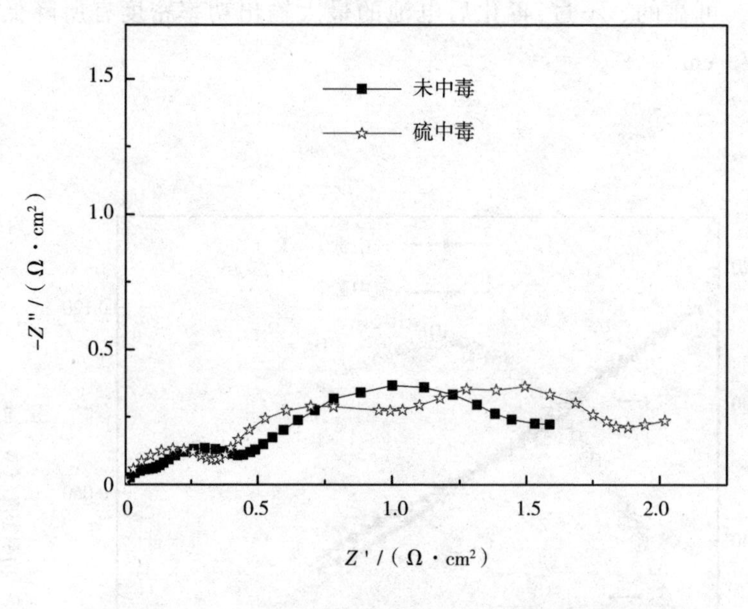

图2-10 850 ℃时LSCrM阳极在硫毒化前后的阻抗谱

2.4.4 硫中毒前后LSCrM阳极的物相及微观形貌表征

在本书2.2节的XRD分析中,可以观察到硫毒化前LSCrM阳极主要由纯钙钛矿相构成。阳极在体积百分比为0.005%的H_2S气氛中毒化5 h后,虽然钙钛矿相依旧占据主导地位,但阳极表面出现了少量杂相。将如图2-11所示的XRD谱图放大,可以分辨出这些杂峰,它们分别对应着吸附S_n、金属硫化物(M_xS_y)等,如S_8、MnS、La_2O_2S等物质。因为硫毒化实验中使用的H_2S浓度较小且硫毒化时间较短,所以这些杂相在XRD谱图中的峰强度较弱。这也就意味着这些谱峰较难被指认。因此,本节拟利用更灵敏的X射线光电子能谱(XPS)技术对毒化前后的阳极成分进行分析。

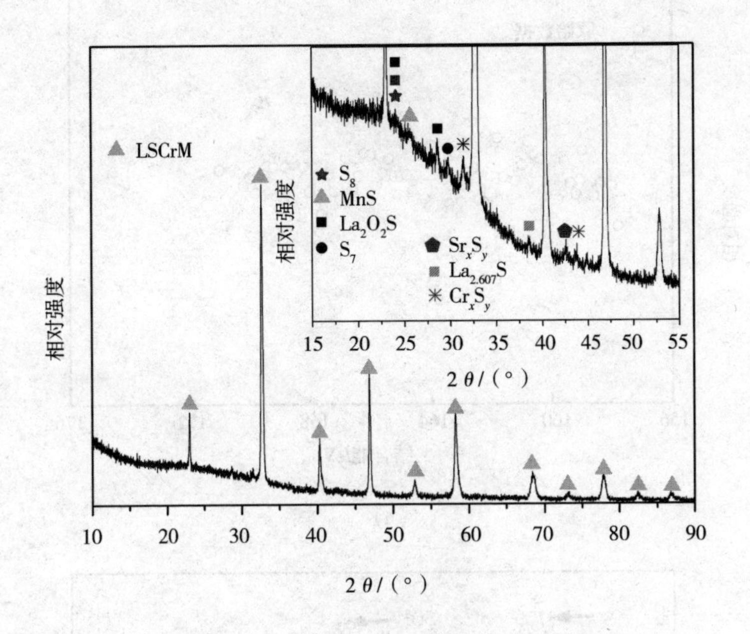

图2-11 LSCrM在硫毒化后的XRD谱图

由图2-12（a)可知，硫毒化前LSCrM阳极的XPS谱图中并没有出现S 2p的峰。然而，在经历5 h硫毒化后，从图2-12(b)中可清晰地观测到硫元素的XPS峰。本节通过高斯函数对原始数据进行了分峰拟合，成功将原始曲线分成三个峰，分别记作A、B和C。分峰结果说明硫毒化后LSCrM阳极表面存在三种不同化学状态的硫元素。具体而言，结合能为160.6 eV的A峰对应于0价硫，这说明硫毒化后LSCrM阳极表面有S_n存在；结合能为161.9 eV的B峰对应的是-2价硫，这说明硫毒化后LSCrM阳极表面有金属硫化物存在，此结果与XRD结果中观测到的S_n和金属硫化物相一致；结合能为167.1 eV的C峰对应的是+4价硫，这意味着硫毒化后LSCrM阳极表面可能存在SO_3^{2-}，甚至亚硫酸盐。但XRD测试并没有检测到亚硫酸盐的存在，这可能是由于亚硫酸盐的生成量过少，或者+4价硫并没有生成亚硫酸盐，而是以SO_3^{2-}的形式存在于硫毒化的阳极表面上。

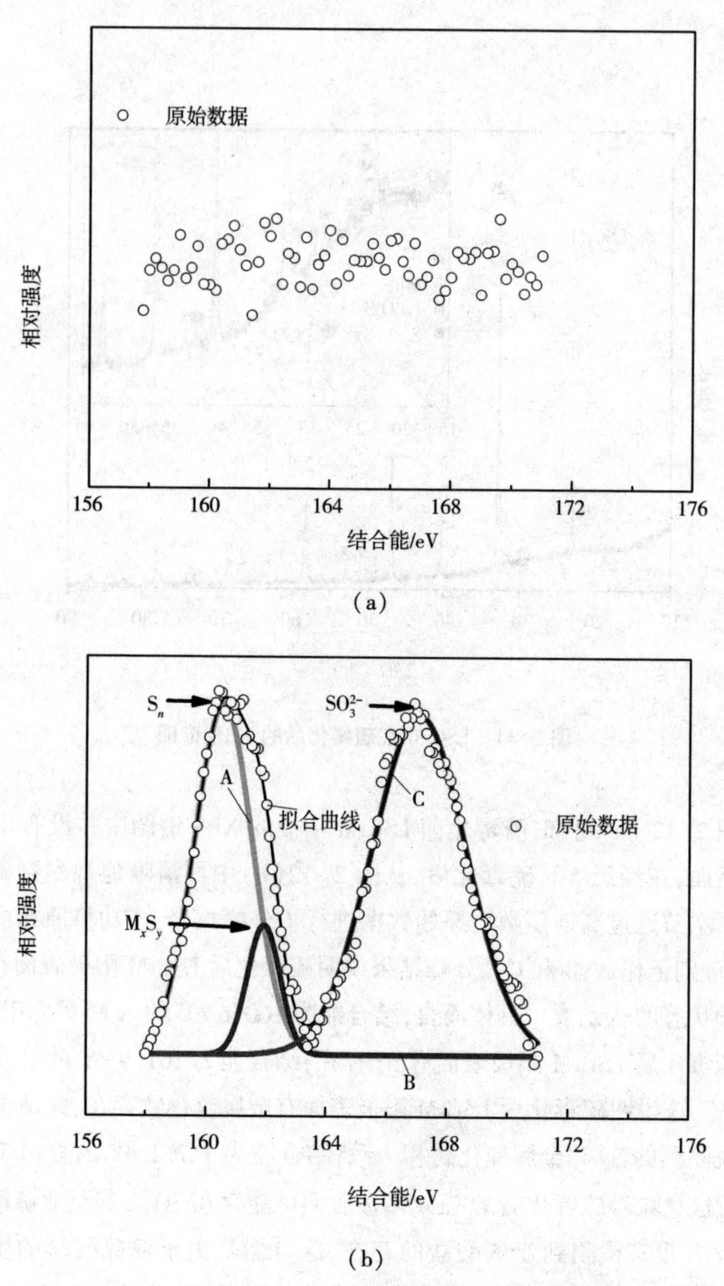

图 2-12 毒化前后 LSCrM 阳极表面 S 2p 的 XPS 谱图

(a)毒化前;(b) 毒化后

为了验证上述 S 2p 结果的可靠性，本书进一步对硫毒化前后的 LSCrM 阳极进行了 O 1s 的 XPS 测试与分析。如图 2-13 所示，O 1s 的 XPS 测试结果展示了硫毒化对阳极中氧元素状态的影响。由图 2-13(a)可知，经高斯函数分峰拟合得到的硫毒化前 O 1s 的峰数量为三个。其中，结合能为 529.0 eV 的 A 峰代表 LSCrM 钙钛矿氧化物中的晶格氧，结合能为 531.3 eV 的 B 峰对应 LSCrM 钙钛矿氧化物中的吸附氧，而结合能为 533.2 eV 的 C 峰则代表 LSCrM 阳极表面吸附水中的氧。硫毒化后，代表晶格氧和吸附氧的 A、B 峰均出现少许左移，表明这两种氧的结合能均稍有减小。其原因可能是：硫毒化后，氧元素周围被电负性较低的硫元素所包围。值得注意的是，硫毒化后，吸附水中氧的结合能仍为 533.2 eV。这说明水中氧的吸附与硫毒化过程没有关系，是样品放置在空气中的自然结果。此外，硫毒化后的 XPS 谱图中除了有 A、B、C 峰之外还存在 D 峰，如图 2-13(b)所示，其结合能为 531.8 eV，对应的是 SO_3^{2-} 中的氧。这一发现进一步证实了 SO_3^{2-} 的存在。综上所述，LSCrM 阳极的硫毒化产物主要包括吸附硫、金属硫化物和 SO_3^{2-}。

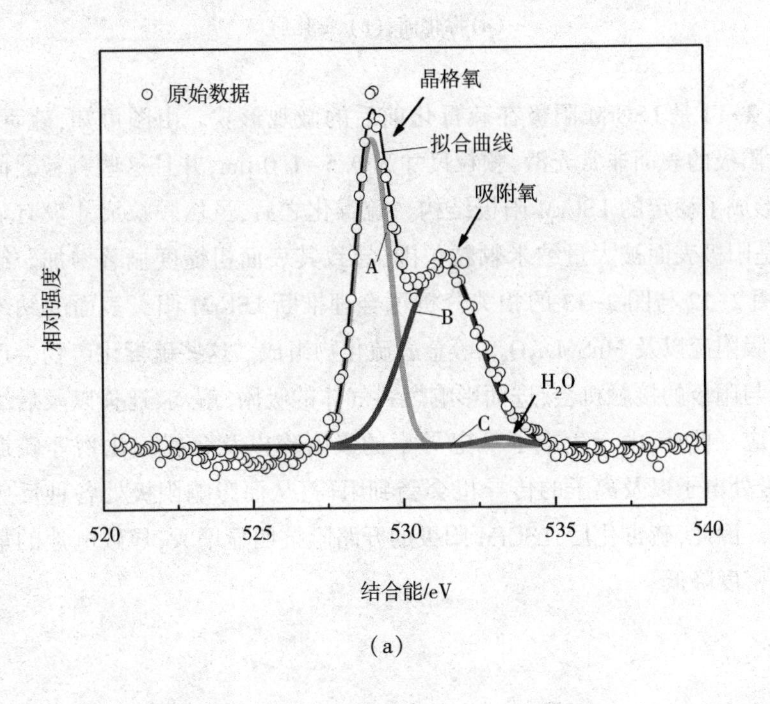

(a)

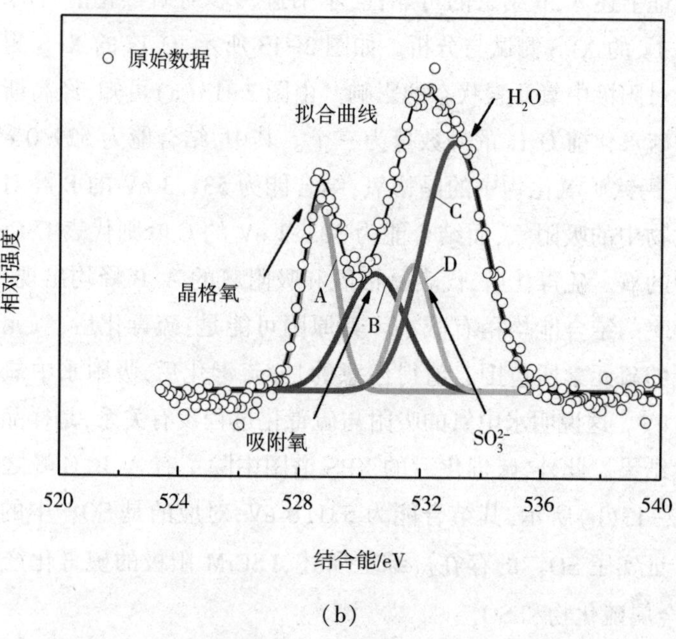

(b)

图 2-13　毒化前后 LSCrM 电极中 O 1s 的 XPS 谱图

(a)毒化前;(b) 毒化后

图 2-14 是 LSCrM 阳极在硫毒化前后的微观形貌。由图可知,硫毒化前,LSCrM 阳极的表面非常光滑,颗粒尺寸为 0.5~1.0 μm,并且这些颗粒之间连接良好,形成了稳定的 LSCrM 阳极结构。硫毒化之后,虽然颗粒尺寸没有显著变化,但是阳极表面被大量纳米颗粒包围,导致其表面粗糙度显著增加。结合图 2-11、图 2-12 与图 2-13 的相关分析可合理推断 LSCrM 阳极表面的纳米颗粒主要由吸附硫以及 MnS、La_2O_2S 等金属硫化物组成。这些硫毒化产物会严重减少燃料与阳极的接触机会,进而影响燃料气体的吸附、解离、迁移以及后续的电化学反应。此外,由于生成了低电导率的吸附硫以及金属硫化物等硫毒化产物,阳极处电子以及离子的传导也会受到阻碍,从而影响阳极处各种反应过程的进行。因此,硫毒化后,LSCrM 阳极的开路阻抗明显增大,导致电池的最大输出功率密度降低。

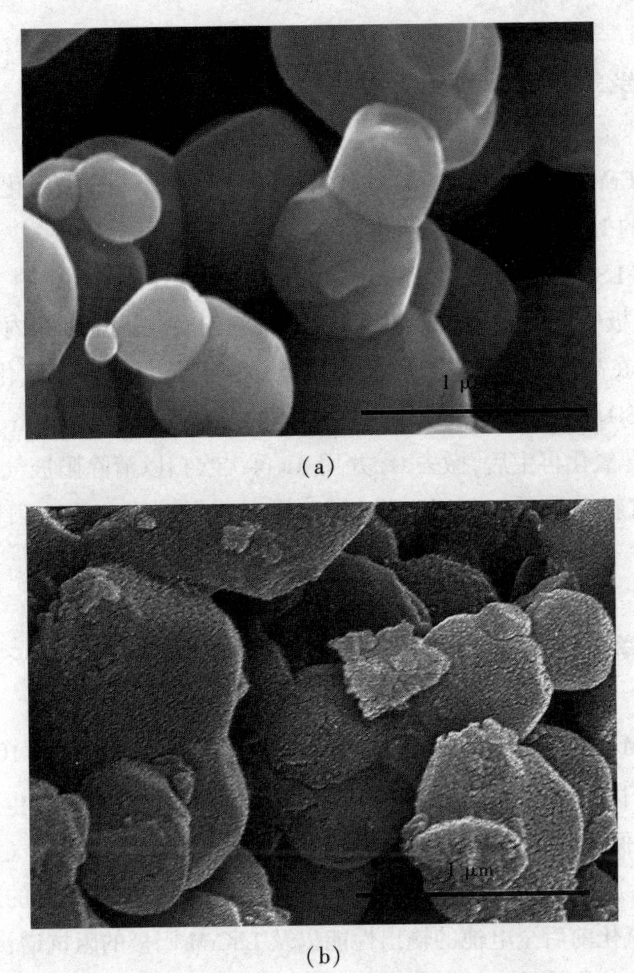

图 2-14　毒化前后 LSCrM 阳极的微观形貌

(a)毒化前;(b) 毒化后

2.5　LSCrM 阳极的化学氧化再生研究

本书的 2.4 节已经得出结论,在 850 ℃时,LSCrM 阳极在体积百分比为 0.005%的 H_2S 气氛中会发生硫毒化现象,这会明显降低其电化学性能。对于已经发生硫毒化的 LSCrM 阳极,应当考虑探索一种再生方法恢复其电化学性能。

2.5.1 化学氧化再生法的原理与实验过程

鉴于 LSCrM 阳极具有良好的耐氧化-还原稳定性，本节采用化学氧化的方法对硫中毒的 LSCrM 阳极进行再生，具体操作过程如下。

首先，在 LSCrM 阳极发生硫毒化后，撤去含有 H_2S 成分的燃料。接着，用缓冲气 Ar 将阳极气室中残留的燃料吹扫清除彻底。然后，短时间内通入一定量的 O_2，使 O_2 在高温下与阳极处的硫毒化产物（如吸附硫、金属硫化物）发生氧化反应生成 SO_2 和金属氧化物。其中，SO_2 可以被流动的 O_2 和 Ar 带出阳极气室。完成化学氧化再生后，撤去 O_2 并用 Ar 再次吹扫以清除阳极气室中残留的 O_2。最后，重新向阳极气室通入燃料，以保证再生后的 LSCrM 阳极可以继续工作。

2.5.2 化学氧化再生后 LSCrM 阳极的电化学性能

在 LSCrM 阳极发生硫毒化后，将高纯 O_2（纯度为 99.9%）以 10 $m^3 \cdot min^{-1}$ 的流速注入阳极气室约 15 min，以完成 LSCrM 阳极的化学氧化再生过程。在此过程中，电池保持开路状态。完成化学氧化后，先通 Ar 吹扫阳极气室以排出剩余的 O_2，然后通入 H_2 并测试全电池的输出性能以及 LSCrM 阳极的阻抗谱。通过对比化学氧化前后全电池的输出性能以及 LSCrM 阳极的阻抗谱，评估这种化学氧化再生法的有效性。虽然本书 2.4.3 节的测试结果显示毒化后电池的输出性能有所降低，但由图 2-15 可知，经历化学氧化再生过程后，全电池的输出性能不仅高于硫中毒后电池的性能，而且优于毒化前的性能。

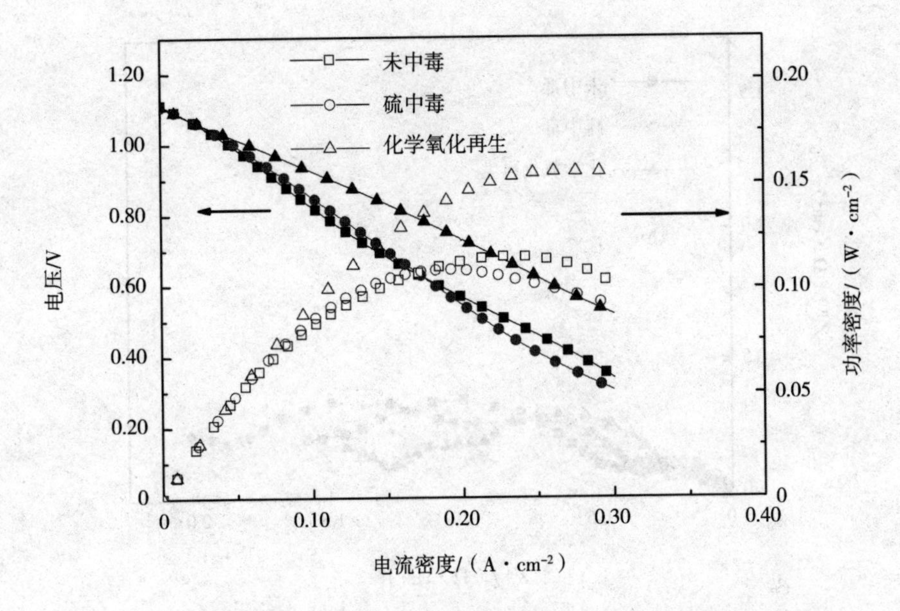

图 2-15　固体氧化物燃料电池在硫毒化前后以及化学氧化再生后的输出性能

图 2-16 为硫毒化前后以及化学氧化再生后 LSCrM 阳极在开路电压下的阻抗谱。从中可知,化学氧化再生后的阳极阻抗不但明显小于硫毒化后的阻抗值,而且小于硫毒化之前的阻抗值。LSCrM 阳极阻抗值变化与全电池输出性能变化相对应,这说明化学氧化可以使已毒化的 LSCrM 阳极恢复其电化学性能,甚至超越硫毒化前的性能。更为重要的是,此恢复过程仅耗时 15 min,十分迅速。因此,化学氧化是一个既有效又快速的恢复电池阳极电化学性能的方法。

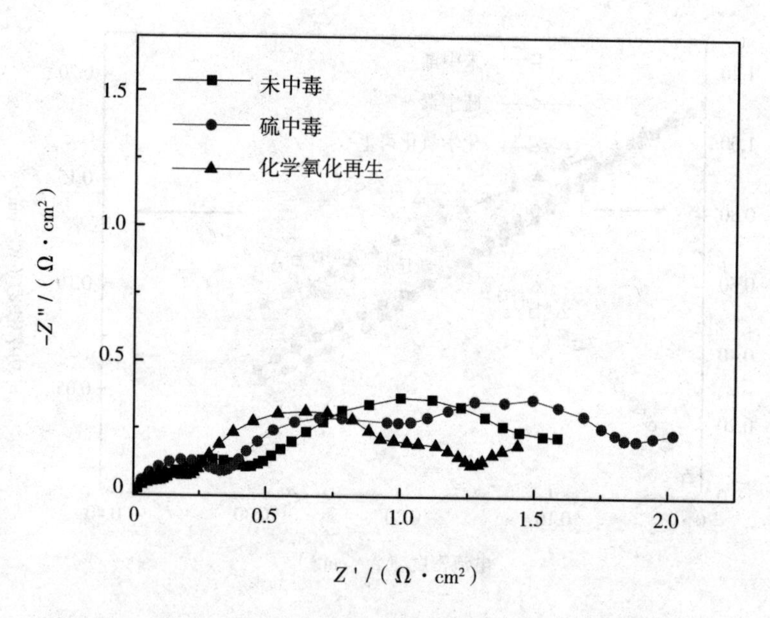

图 2-16　850 ℃时 LSCrM 阳极在硫毒化前后以及化学氧化再生后的阻抗谱

2.5.3　化学氧化再生后 LSCrM 阳极的物相及微观形貌表征

图 2-17 是化学氧化再生后 LSCrM 阳极的 XRD 谱图。化学氧化再生后，阳极以钙钛矿相为主相，但其中还是存在一些杂相。对 XRD 谱图进行放大并与毒化后的阳极成分进行对比发现，吸附硫和金属硫化物对应的峰位在化学氧化后均完全消失。这说明化学氧化再生法能在短时间内彻底清除吸附硫与金属硫化物这两种硫中毒产物。清除吸附硫能够释放 LSCrM 阳极上被占据的反应活性点，从而增强燃料在 LSCrM 阳极上的吸附效果；清除金属硫化物有助于恢复 LSCrM 阳极的电导率。成功清除这两种硫中毒产物是阳极电化学性能恢复的主要原因。不过值得注意的是，化学氧化后，阳极中出现了可实现催化燃料氧化的锰氧化物。产生锰氧化物是化学氧化再生后的 LSCrM 阳极的电化学性能优于毒化之前的重要原因。由于 XRD 测试结果具有局限性，本节又进一步利用 XPS 技术对化学氧化再生后 LSCrM 阳极的成分做了详细分析。

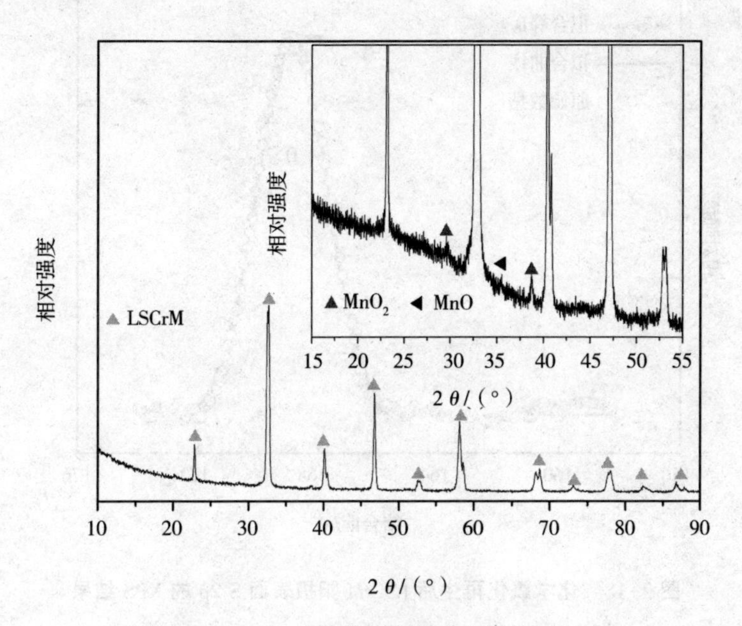

图 2-17　LSCrM 在化学氧化再生后的 XRD 图

图 2-18 为化学氧化再生后 LSCrM 阳极中 S 2p 的 XPS 结果。从图中可知，结合能为 160.6 eV 的 A 峰和 161.9 eV 的 B 峰以及 167.1 eV 的 C 峰均已完全消失。此结果说明化学氧化处理后，吸附硫和金属硫化物已被彻底清除。这与图 2-17 的 XRD 分析结果一致。除此之外，XPS 图中出现了一个新的 D 峰，其对应的结合能为 168.9 eV。这说明 LSCrM 阳极中生成了一种新的含硫化合物，此峰对应的是+6 价硫。此结果可能意味着化学氧化过程中阳极的 SO_3^{2-} 被氧化成为 SO_4^{2-}。然而，由化学氧化再生后电池的电化学性能来看，生成微量 SO_4^{2-} 不会对 LSCrM 阳极的电化学性能造成显著影响。

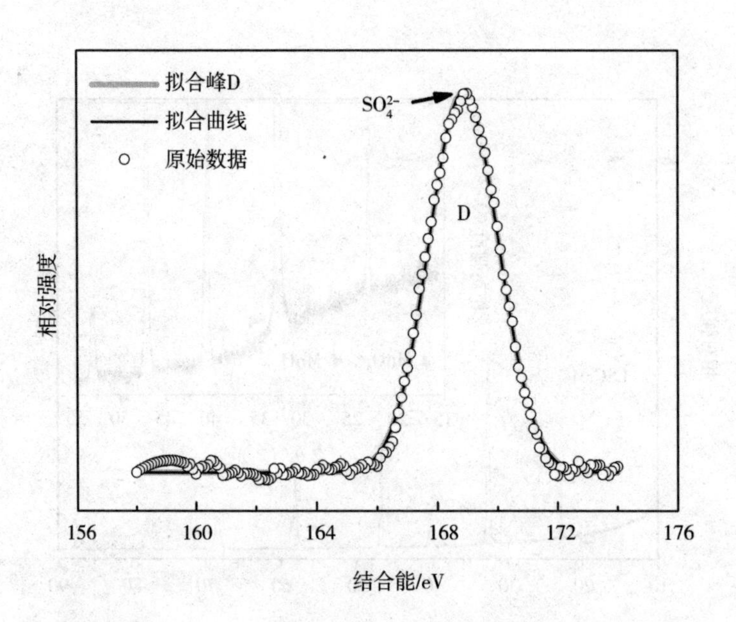

图 2-18　化学氧化再生后 LSCrM 阳极表面 S 2p 的 XPS 结果

图 2-19 为化学氧化后 LSCrM 阳极中 O 1s 的 XPS 结果。从中可知，晶格氧、吸附氧以及吸附水的氧峰（A 峰、B 峰、C 峰）在化学氧化后依旧存在，但结合能为 531.8 eV 的 D 峰消失了。这可能意味着 LSCrM 阳极表面的 SO_3^{2-} 在化学氧化后消失了。不过，在结合能为 532.5 eV 处出现了新的 E 峰，此峰对应的是 SO_4^{2-} 中的氧。因此，O 1s 的 XPS 结果也证明了 SO_3^{2-} 在化学氧化后被氧化为 SO_4^{2-}。与 S 2p 的 XPS 结果相互印证，可知化学氧化后 LSCrM 阳极中的 SO_3^{2-} 确实被氧化为 SO_4^{2-}。

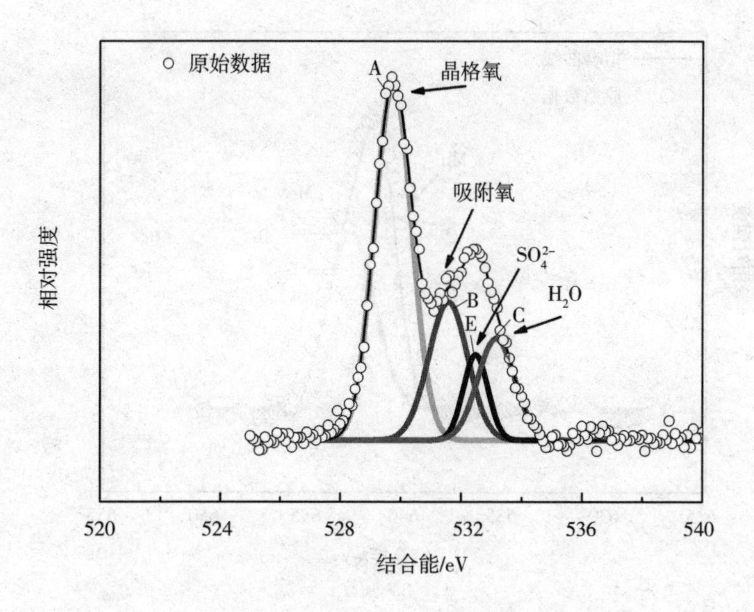

图 2-19　化学氧化再生后 LSCrM 阳极表面 O 1s 的 XPS 结果

图 2-20 为硫毒化前后以及化学氧化再生后 Mn $2p_{3/2}$ 的 XPS 结果。从中可知，毒化前 Mn $2p_{3/2}$ 的 XPS 结果中只有两个峰，分别是 A 峰和 B 峰。其结合能分别为 641.1 eV 和 642.7 eV，分别对应 LSCrM 阳极中的 Mn^{3+} 和 Mn^{4+}。除此之外，A、B 两个峰的面积比为 43 : 57，接近 Mn^{3+} 和 Mn^{4+} 的优化比（1 : 1）。在硫毒化后的 Mn $2p_{3/2}$ 的 XPS 结果中，除了 A 峰和 B 峰外，还存在 C 峰。其结合能为 639.9 eV，对应的是硫化锰中的 Mn^{2+}。此 XPS 结果与毒化后的物相（MnS）结果一致。此时，A 峰、B 峰和 C 峰的面积比为 65.4 : 11.3 : 23.3，说明硫毒化后 Mn^{3+} 数量增加，而 Mn^{4+} 数量减少，这可能是因为具有还原性的毒化气氛会将 Mn^{4+} 还原为 Mn^{3+} 和 Mn^{2+}。结合能为 639.9 eV 的 C 峰在化学氧化再生后消失，但出现了结合能为 640.3 eV 的 D 峰。该峰对应的是 MnO 中的 Mn^{2+}。这说明金属硫化物 MnS 被 O_2 氧化为 MnO，XPS 与 XRD 结果共同证实了生成产物为 MnO。化学氧化再生后，A 峰、B 峰和 C 峰的面积比为 44.7 : 42.0 : 13.3。A 峰和 C 峰的总面积与 B 峰的面积比趋近于毒化前的水平，这表明在氧化气氛中部分 Mn^{2+} 和 Mn^{3+} 被氧化为 Mn^{4+}。

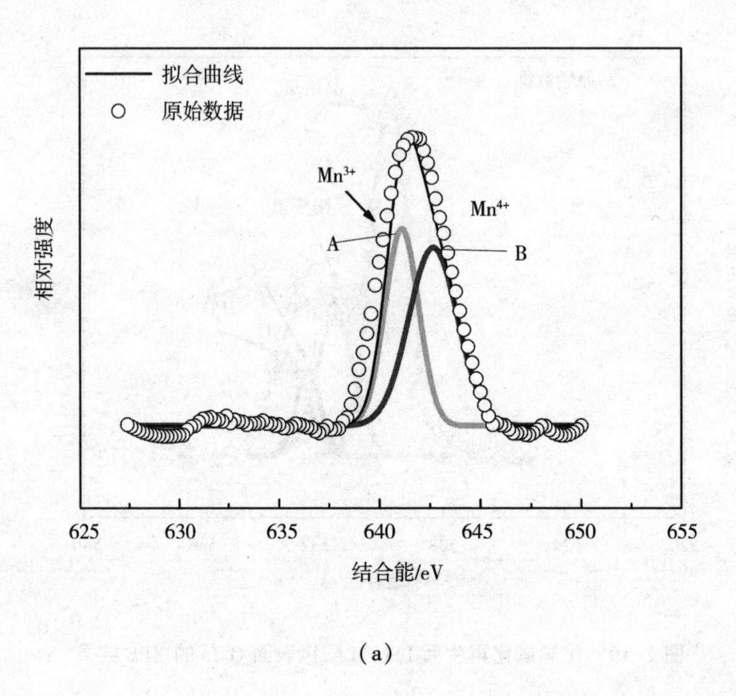
拟合曲线
原始数据
Mn3+
Mn4+
A
B
相对强度
625
630
635
640
645
650
655
结合能/eV

(a)

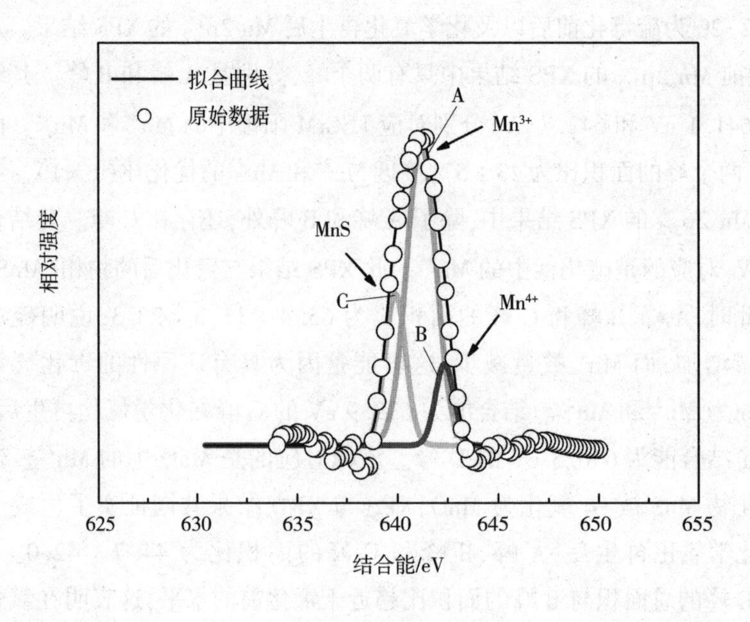
拟合曲线
原始数据
A
Mn3+
MnS
C
Mn4+
B
相对强度
625
630
635
640
645
650
655
结合能/eV

(b)

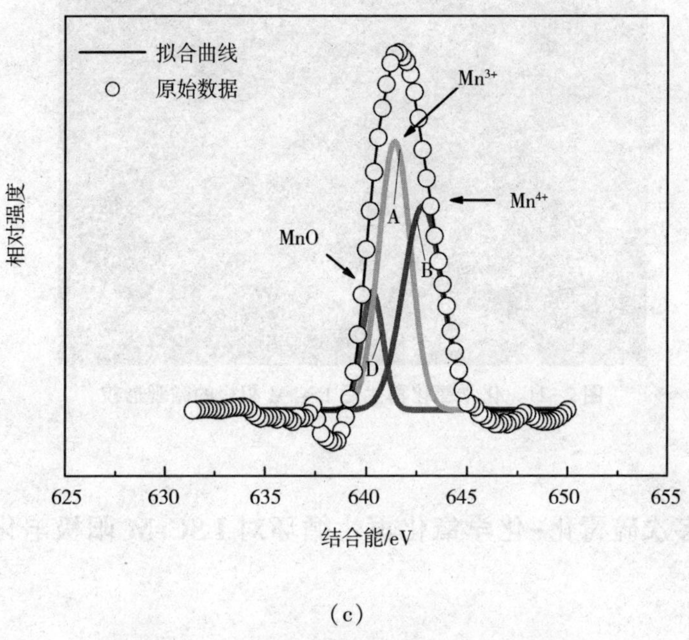

（c）

图 2-20　LSCrM 阳极表面 Mn $2p_{3/2}$ 的 XPS 结果

（a）毒化前；（b）毒化后；（c）化学氧化再生后

图 2-21 展示了化学氧化再生后 LSCrM 阳极的微观形貌。从中可以看出，经过 5 h 毒化和 15 min 化学氧化再生后，LSCrM 阳极的颗粒尺寸并没有显著增大，颗粒之间依旧连接良好。与毒化后的状态相比，化学氧化再生后的 LSCrM 阳极表面纳米颗粒物质减少，粗糙度也相应降低。这可能是由于化学氧化再生过程中，吸附硫和金属硫化物被有效清除了。不过，在 LSCrM 阳极的表面以及截面仍然分布着一些小颗粒。根据 XRD 以及 XPS 的结果可以推断，这些小颗粒很可能属于氧化产物 MnO。从阳极少量析出 MnO 并不会影响整个 LSCrM 阳极的电化学性能，反而可能会增加 LSCrM 阳极的比表面积和 TPB 长度，从而促进燃料的吸附、解离以及氧化反应的进行。

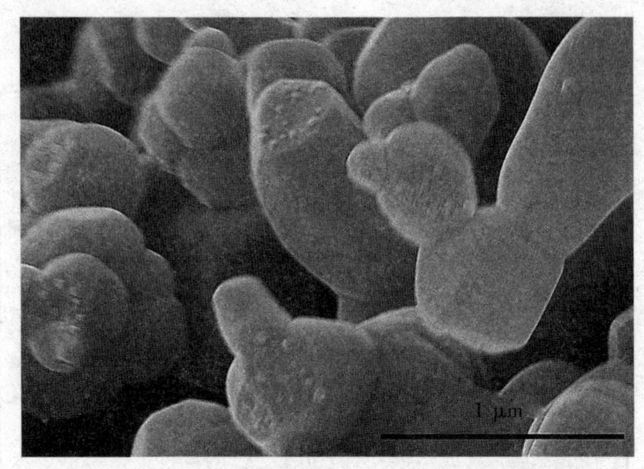

图 2-21 化学氧化再生后 LSCrM 阳极的微观形貌

2.5.4 多次硫毒化-化学氧化再生循环对 LSCrM 阳极电化学性能的影响

硫毒化后,LSCrM 阳极中会出现吸附硫、金属硫化物以及 SO_3^{2-} 这 3 种毒化产物。经过 1 次化学氧化再生处理后,吸附硫和金属硫化物会被彻底清除,同时生成 MnO 颗粒。MnO 颗粒不仅能催化燃料的氧化反应,还可以增加 LSCrM 阳极的比表面积,从而进一步促进燃料的吸附过程,显著提升 LSCrM 阳极的电化学性能。基于此,本节进一步探究短时间内多次进行硫毒化-化学氧化再生循环对 LSCrM 阳极电化学性能以及微观形貌的影响。

本节对 LSCrM 阳极进行了 6 次硫毒化-化学氧化再生循环研究,每次硫毒化的时间分别为 5.0 h、2.0 h、8.0 h、1.2 h、1.2 h、1.2 h,每次化学氧化再生的时间均为 15 min。6 次硫毒化-化学氧化再生循环中电池的输出电压随时间的变化情况如图 2-22 所示。由该图可知,每次毒化过程中,电池的电压都呈现下降趋势,电压衰退值分别为 0.022 6 V、0.072 6 V、0.175 0 V、0.149 0 V、0.171 6 V 和 0.214 7 V;随着毒化次数增加,电压衰退率也呈现上升的趋势。然而,电池的输出电压在每次化学氧化再生之后都会得到相应恢复。这说明每次化学氧化再生均可使 LSCrM 阳极恢复一定程度的电化学性能。值得注意的是,前 2 次化学氧化再生后的电池输出电压值均高于毒化前的水平,这说明前期的化学氧化再生循环对提升 LSCrM 阳极电化学性能具有积极作用。不过,多次(3 次以上)的硫毒化-化学氧化再生循环后,电池的输出电压值并未反超毒化前的水平。

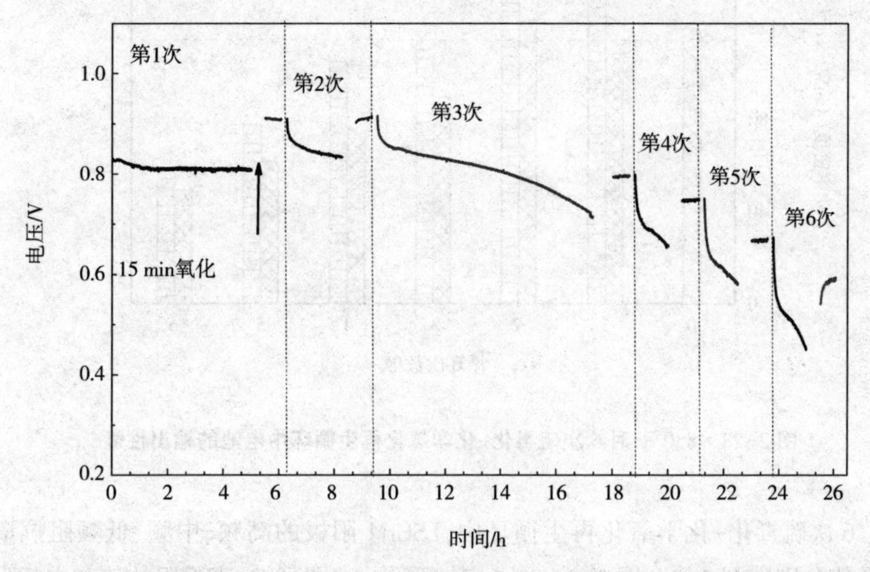

图 2-22　850 ℃时 6 次硫毒化-化学氧化再生循环中电池的输出电压随时间的变化情况

电池的输出性能与输出电压呈现出相同的变化趋势。具体而言,在每次硫毒化后电池的输出性能都会相应地降低;但在每次化学氧化再生后,电池的电化学性能都会得到不同程度的恢复。如图 2-23 所示,前 2 次化学氧化再生后电池的输出性能高于毒化前的水平,其中第 2 次化学氧化再生后的输出性能达到最高,最大功率密度为 162 mW · cm^{-2}。

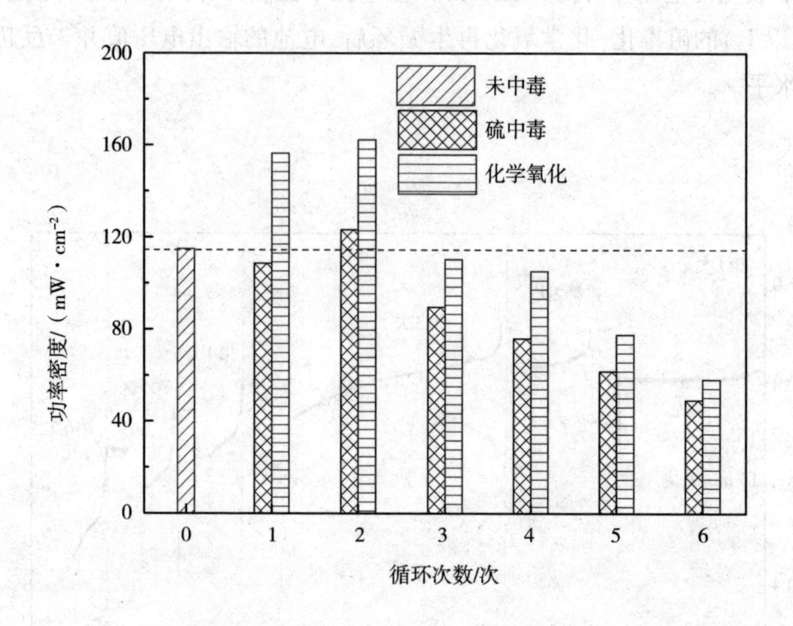

图 2-23　850 ℃时 6 次硫毒化-化学氧化再生循环中电池的输出性能

6 次硫毒化-化学氧化再生循环中，LSCrM 阳极的高频、中频、低频阻抗谱拟合值分别如图 2-24、图 2-25、图 2-26 所示。由图可知，高频阻抗值和中频阻抗值在每次硫毒化后都会明显增加，而在每次化学氧化再生之后又会明显减小。随着硫毒化-化学氧化循环次数增加，高频、中频阻抗值整体呈现出逐渐增大的趋势；低频阻抗值的变化虽然同样遵循毒化后增加、化学氧化再生后减小的规律，但前 4 次化学氧化再生后的低频阻抗值均小于毒化前的阻抗值，并且在第 2 次化学氧化再生之后达到极小值。为了深入理解这些阻抗变化的原因，我们可进一步分析多次硫毒化-化学氧化循环后阳极的微观形貌。

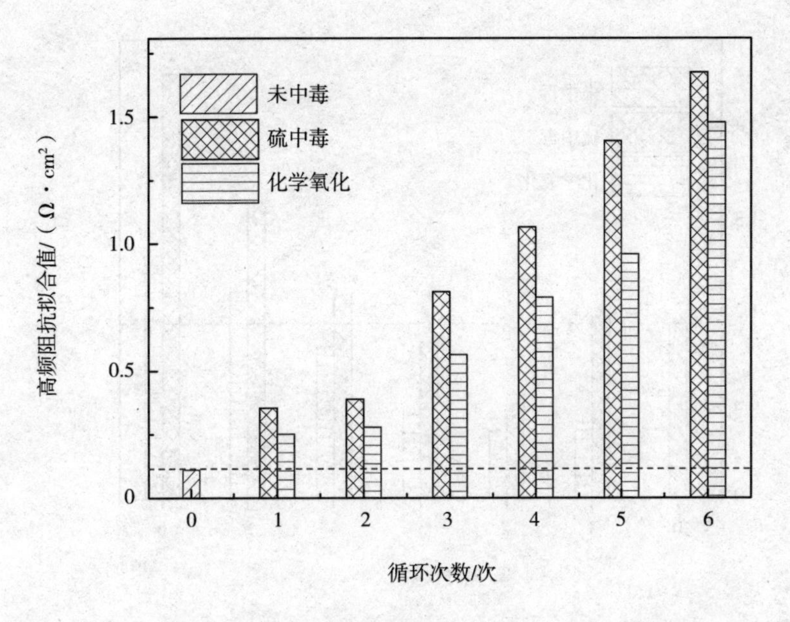

图 2-24　850 ℃时 6 次硫毒化-化学氧化再生循环中 LSCrM 阳极的高频阻抗拟合值

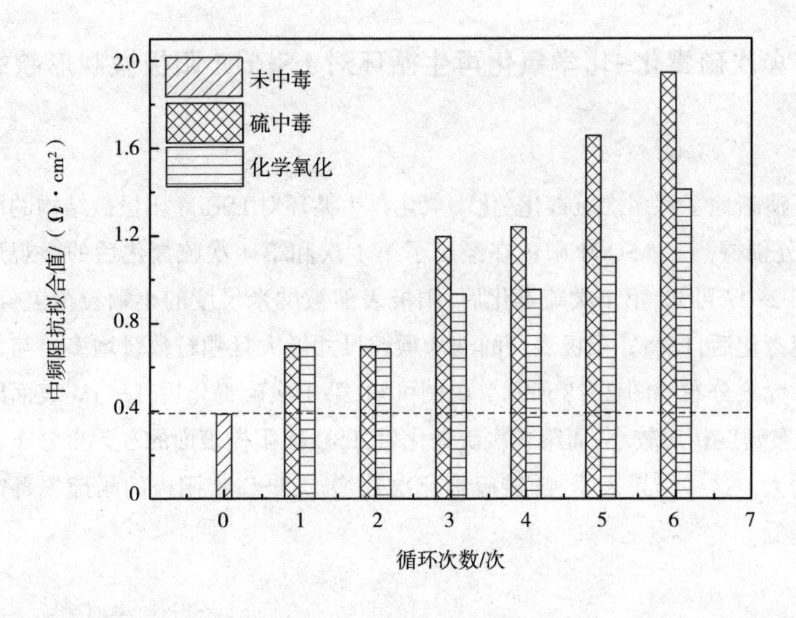

图 2-25　850 ℃时 6 次硫毒化-化学氧化再生循环中 LSCrM 阳极的中频阻抗拟合值

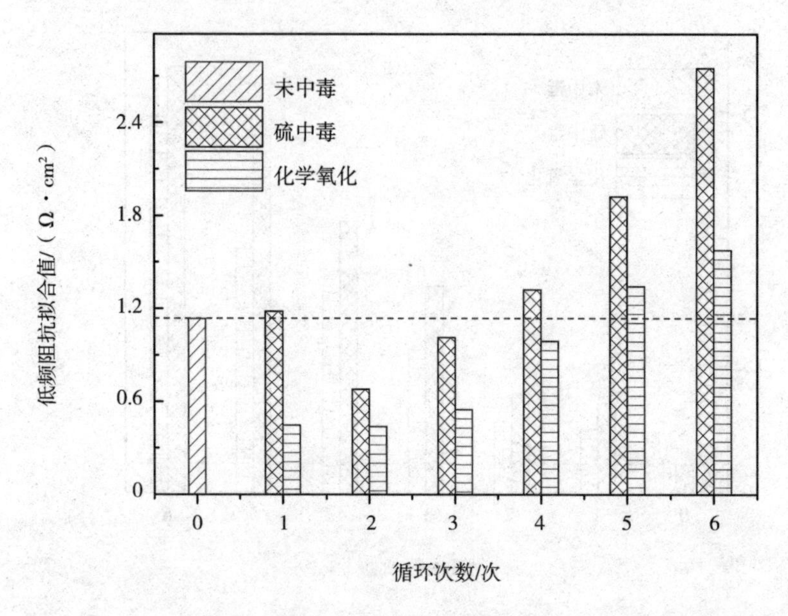

图 2-26 850 ℃时 6 次硫毒化-化学氧化再生循环中 LSCrM 阳极的低频阻抗拟合值

2.5.5 多次硫毒化-化学氧化再生循环对 LSCrM 阳极微观形貌的影响

为了清晰地了解多次硫毒化-化学氧化再生循环对 LSCrM 阳极微结构的影响,本节分别探测了 LSCrM 阳极在经历了第 1 次和第 4 次硫毒化后的微观形貌。由图 2-27 可知,第 1 次硫毒化后,阳极表面被纳米尺度的小颗粒覆盖;而第 4 次硫毒化后,LSCrM 阳极表面的纳米颗粒尺寸增大且颗粒数量增多。与之对应的 S 元素分布如图 2-28 所示。由图可知,第 1 次硫毒化后,LSCrM 表面的 S 元素分布密度相对较小;而第 4 次硫毒化后,LSCrM 阳极表面的 S 元素分布密度显著增大。这些结果表明,随着硫毒化次数增加,LSCrM 阳极的耐硫中毒能力逐渐降低。

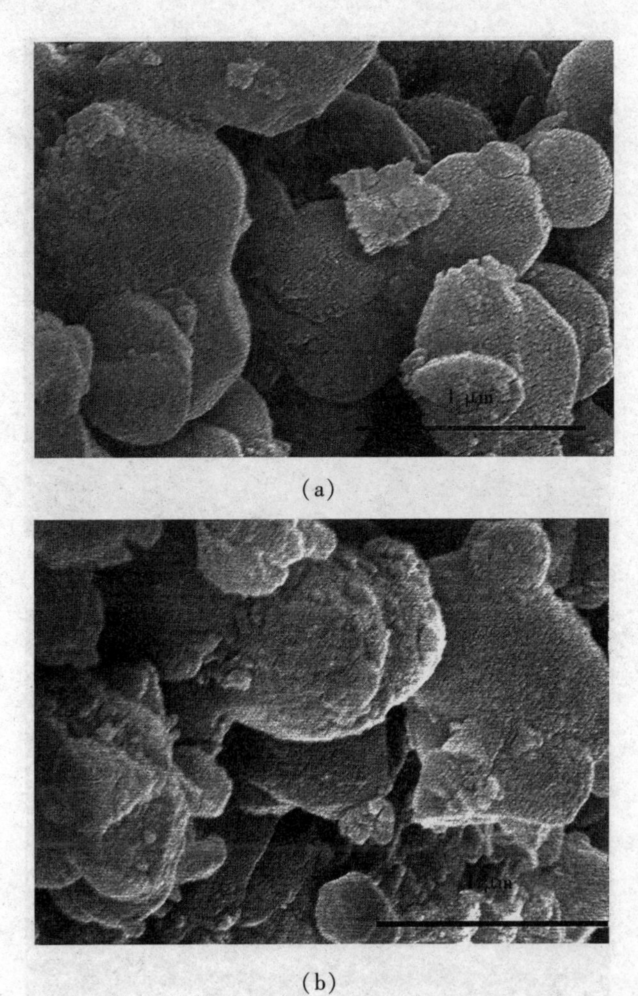

(a)

(b)

图 2-27　硫毒化后 LSCrM 阳极的微观形貌

(a)第 1 次;(b)第 4 次

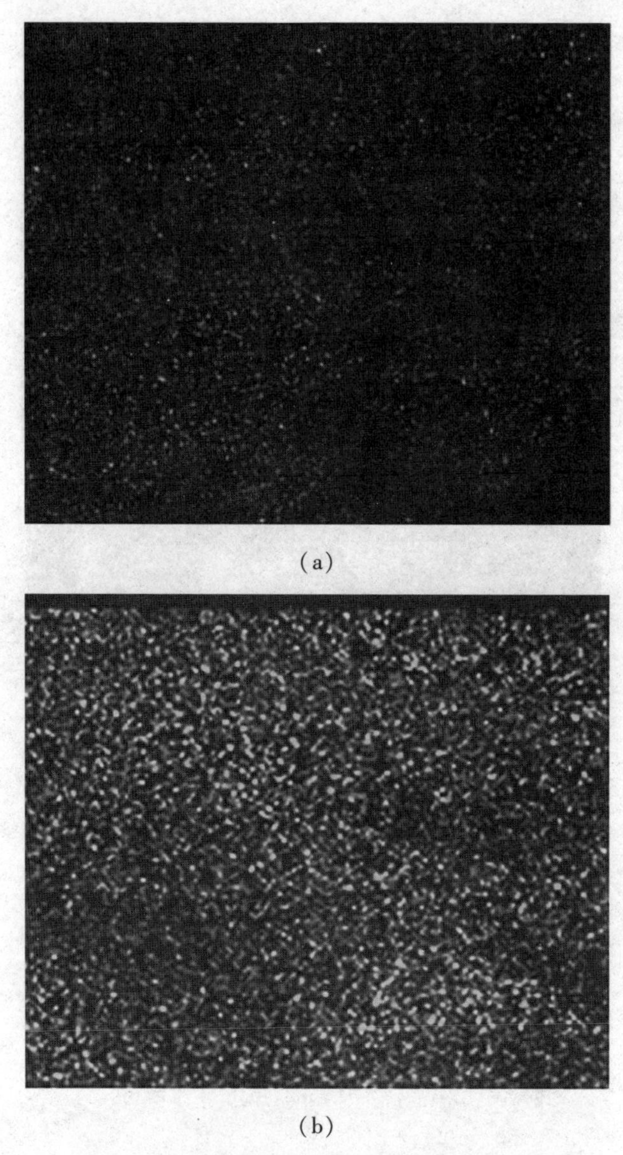

(a)

(b)

图 2-28　硫毒化后 LSCrM 阳极表面的 S 分布

(a)第 1 次;(b)第 4 次

图 2-29 展示了 LSCrM 阳极在第 4 次和第 6 次化学氧化再生后的微观形貌。与第 1 次化学氧化再生后的 LSCrM 阳极相比,第 4 次化学氧化再生后的 LSCrM 阳极的颗粒尺寸稍有增加,并且 LSCrM 阳极表面被大量颗粒物质覆盖,

导致表面粗糙度显著增加。根据本书 2.5.3 节的 XRD 和 XPS 分析结果可知，这些颗粒物质主要为锰氧化物。进一步地，经过第 6 次化学氧化再生后，LSCrM 阳极的颗粒尺寸继续增大，并出现了一定厚度的锰氧化物覆盖层。这说明，随着硫毒化-化学氧化循环次数增加，越来越多的锰氧化物颗粒沉积在 LSCrM 阳极表面。这种沉积现象会对 LSCrM 阳极的结构和电化学性能产生显著影响。过多的锰元素从 LSCrM 主相中析出会破坏阳极基底的结构和电化学性能。同时，过多的锰氧化物在阳极表面生成以及多层包覆会阻碍燃料在电极颗粒上的吸附和解离。因此，全电池的电化学性能会显著降低。

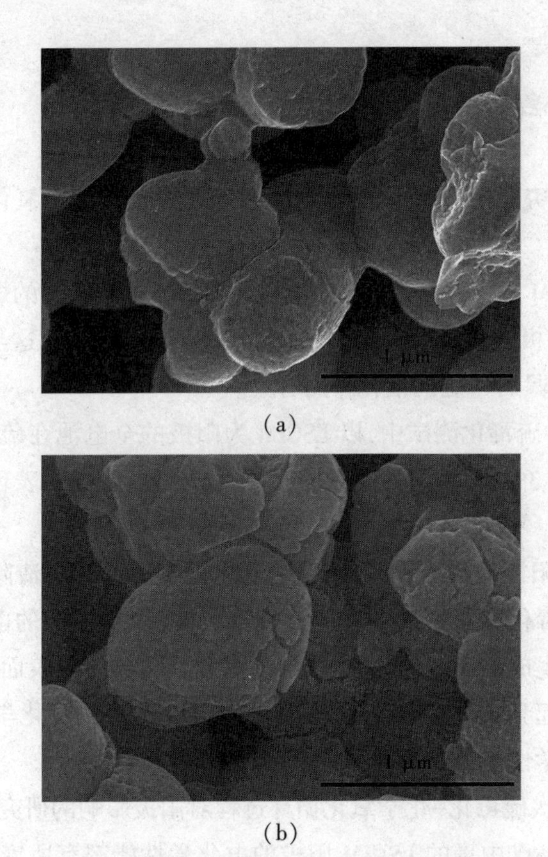

图 2-29　第 4 次和第 6 次硫毒化-化学氧化后的阳极微观形貌

(a)第 4 次；(b)第 6 次

LSCrM 阳极的阻抗谱中，频率由高到低依次对应于 O^{2-} 的运输、电荷转移以及燃料的吸附/解离过程。硫毒化过程中产生的吸附硫和金属硫化物等杂质会阻碍阳极的各个电极反应过程,导致各频率段的阻抗在硫毒化后均呈现不同程度的增加。化学氧化过程可有效清除金属硫化物和 S_n,从而释放阳极表面的燃料吸附活性位,这可在一定程度上恢复燃料的表面吸附过程并提高其效率,因此各个电极过程的阻抗值在氧化再生后会相应减小。在第 2 次化学氧化再生后,LSCrM 阳极表面适量生成的纳米锰氧化物颗粒并不会显著影响 LSCrM 骨架的结构和电化学性能,反而因其具有更大的比表面积而促进阳极处燃料的吸附及解离,使得气体吸附/解离阻抗在第 2 次化学氧化后达到最小值,进而提升电池的整体性能。

2.6 本章小结

本章深入研究了 LSCrM 阳极的耐硫中毒能力及其化学氧化再生效果。研究结果表明:

(1)当 LSCrM 阳极在含有体积百分比为 0.005%的 H_2S 的燃料气氛中毒化 5 h 后,LSCrM 阳极表面会形成 S_8、MnS、La_2O_2S 等硫化产物,这与 LSCrM 对 H_2S 在高温下的裂解具有一定的催化作用有关。

(2)在 5h 的硫毒化测试中,以 LSCrM 为阳极的全电池在硫中毒后,其输出电压衰退率仅为 3%,与相同条件下的 Ni-YSZ 相比,LSCrM 表现出了良好的耐硫中毒能力。

(3)LSCrM 阳极硫中毒后,采用化学氧化再生法可彻底清除吸附硫和金属硫化物,释放被毒化产物占据的反应活性点,从而恢复电池的电化学性能。此外,氧化过程中生成的 MnO 纳米颗粒不仅增大了阳极的比表面积,还增加了反应活性点数量,起到加速燃料氧化的催化作用。最初 2 次化学氧化再生过程中,阳极的电化学性能得到了显著提升。

(4)通过多次硫毒化-化学氧化循环过程对阳极影响的研究发现,每次化学氧化再生过程中,已中毒的 LSCrM 阳极的电化学性能都有所恢复。然而,随着化学氧化次数增加,锰氧化物颗粒在 LSCrM 阳极表面的析出也加剧,大量锰氧化物包覆在 LSCrM 阳极表面会导致其耐硫中毒能力下降,后期的化学氧化再生效果远不如前期。

第 3 章　LSCrM 阳极的电化学氧化再生法及氢原子吸附性质研究

3.1 引言

前期研究结果表明,LSCrM 在含有体积百分比为 0.005%的 H_2S 的 H_2 燃料中运行会发生硫中毒,其硫毒化产物分别为吸附硫、金属硫化物以及 SO_3^{2-}。为清除这些硫毒化产物、释放阳极表面的活性反应位并恢复 LSCrM 阳极的电化学性能,第 2 章提出了化学氧化再生法,并通过实验验证了这种方法的可行性。

然而,该方法在操作上存在安全隐患和烦琐性,如切换燃料气体和 O_2 时需要用 Ar 吹扫,而且一旦操作不当,便可能发生爆炸。因此,需要发展氧化清除硫毒化产物技术,探索新的更安全便捷的再生方法。本章提出不需要使用 O_2 作为氧化剂的电化学氧化方法,用于硫毒化 LSCrM 阳极再生。该方法以可控的方式将 O_2 引进阳极气室,从而有效降低 O_2 与燃料气体直接接触并发生燃烧爆炸的可能性。

3.2 电化学氧化再生法的概念

在燃料电池模式下,O^{2-} 主要受阴极与阳极之间的化学势差驱动,通过 O^{2-} 导体电解质从阴极向阳极扩散。在电化学氧泵模式下,阴极处的 O_2 分子首先被电化学还原为 O^{2-},然后电势差驱动 O^{2-} 从阴极向阳极移动。到达阳极后,O^{2-} 失去电子,变为 O 原子,这些 O 原子进而结合生成 O_2 分子。阴极和阳极的反应过程分别为:

阴极反应:

$$\frac{1}{2}O_2 + 2e^- \xrightarrow{\text{阴极}} O^{2-} \tag{3-1}$$

阳极反应:

$$O^{2-} \xrightarrow{\text{阳极}} \frac{1}{2}O_2 + 2e^- \tag{3-2}$$

若给处于 Ar 气氛中的燃料电池阳极施加一个由阳极流向阴极的电流,那么阳极处就会有源源不断的 O_2 生成。在氧泵过程中,产生的 O 原子或 O_2 分子也极易使硫毒化产物氧化并清除。此外,O^{2-} 在 LSCrM 晶格中的迁移很可能会

直接取代 S^{2-},这对清除硫化产物更有利。本书把在氧泵模式下通过电化学过程向 LSCrM 电极区域引入 O^{2-},进而生成 O_2,从而使硫中毒后的阳极获得再生的氧化方法称为电化学氧化法。此再生方法全程无须使用高纯 O_2,阳极气室中只有极少量的 O_2 生成,从而完全避免了电池气路系统中大量 O_2 与 H_2 直接接触并发生爆炸的可能性,因此电化学氧化法是个安全的再生方法。

此前已经有研究人员利用极化过程使硫中毒后的 Ni-YSZ 阳极实现了一定程度的再生,其具体再生过程如下:首先,在阳极硫中毒后移除 H_2S;接着,在 H_2 气氛中对阳极进行极化处理,持续数十小时甚至上百小时。此方法能使 Ni-YSZ 阳极实现再生的可能原因为:(1)阳极极化产生的 O_2 和 O^{2-} 与硫毒化产物发生氧化还原反应以及电化学反应;(2)H_2 与硫毒化产物发生氧化还原反应。在 Ni-YSZ 阳极的再生过程中,这两种再生原因所起到的主次作用以及极化氧泵是否能对阳极的再生产生积极影响都是未知的。为了更清晰地说明阳极极化,即电化学氧化能有效地实现硫中毒阳极的再生,本书在 Ar 气氛中对硫中毒的 LSCrM 阳极进行了全程电化学氧化处理,并对电化学氧化前后电池以及阳极的电化学性能进行表征,以分析其再生机制。

3.3 硫毒化 LSCrM 阳极的电化学氧化再生实验研究

3.3.1 LSCrM 阳极的极化氧泵实验研究

为了考察以 LSCrM 为阳极的固体氧化物燃料电池在极化氧泵时的实际运行效果,本节制备了 LSCrM|YSZ|LSM 结构的单电池,并检测了极化氧泵过程中阳极气室内 O_2 信号的变化情况。

图 3-1 是极化氧泵测试装置示意图。阴极处在静态空气环境中,阳极气室通入一定流量($50\ m^3 \cdot min^{-1}$)的 Ar 作为载气。在出气端连接气相质谱仪,用于分析恒流氧泵过程中气体的成分。

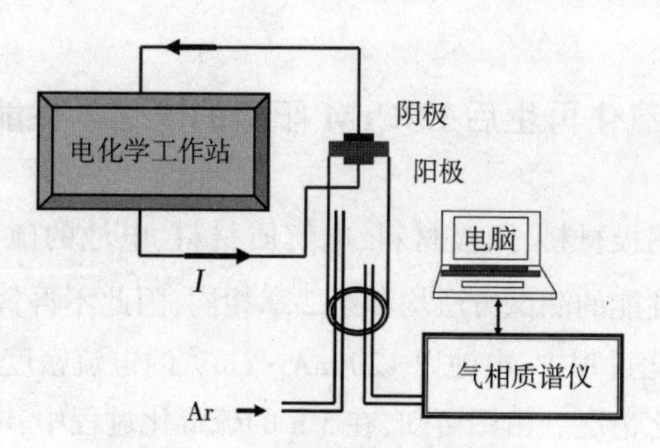

图 3-1　极化氧泵测试装置图

图 3-2 所示为 850 ℃时、Ar 气氛中，不同电流密度极化过程中生成的 O_2 信号变化情况。当极化电流为 0 mA，即电池处于开路状态时，检测到的 O_2 背景信号较弱，这主要来源于质谱仪真空室中残留的 O_2。当电池以 15 mA 电流进行氧泵操作时（此时 LSCrM 处于阳极极化状态），O_2 的信号强度迅速上升，并在整个氧泵过程中持续升高。当极化电流降回 0 mA，即氧泵过程结束时，O_2 信号迅速下降。虽然在氧泵过程中出现了明显的 O_2 信号，但 O_2 信号并不强。这说明按照本章实验的电流条件进行氧泵所产生的氧分压较低。

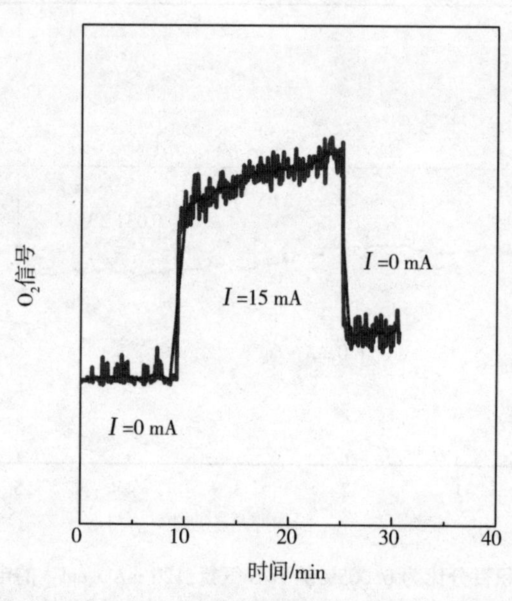

图 3-2　在 850 ℃、Ar 气氛中的极化过程中生成的 O_2 信号

3.3.2 电化学氧化再生后 LSCrM 阳极的电化学性能

本节采用的阴极材料、阳极材料、电解质材料、电池的硫毒化时间、H_2S 的浓度以及电化学性能的测试方法均和第 2 章相同,因此不再赘述。

图 3-3 是毒化过程中,电池以 120 mA · cm^{-2} 的电流密度恒流放电时,路端电压随时间的变化情况。由图可知,在 5 h 的硫毒化过程中,电池的路端电压明显衰退;硫毒化前期输出电压下降较快,而后期变化则相对缓慢;此次输出电压的总衰退率约为 4%。此外,本节硫毒化过程中,电压的衰退趋势以及总衰退率与第 2 章基本一致。因此,可以得出结论:在 850 ℃时,体积百分比为 0.005%的 H_2S 气氛中硫毒化 5 h 后,以 LSCrM 为阳极、LSM 为阴极、YSZ 为电解质的电解质支撑型电池的输出电压衰退率基本保持在 5%以下。

本书的第 2 章采用化学氧化的方法在 15 min 内成功实现了硫中毒 LSCrM 阳极的再生。本章将采用电化学氧化方法对硫中毒 LSCrM 阳极进行再生。为便于比较分析,将其再生时间同样设置为 15 min。

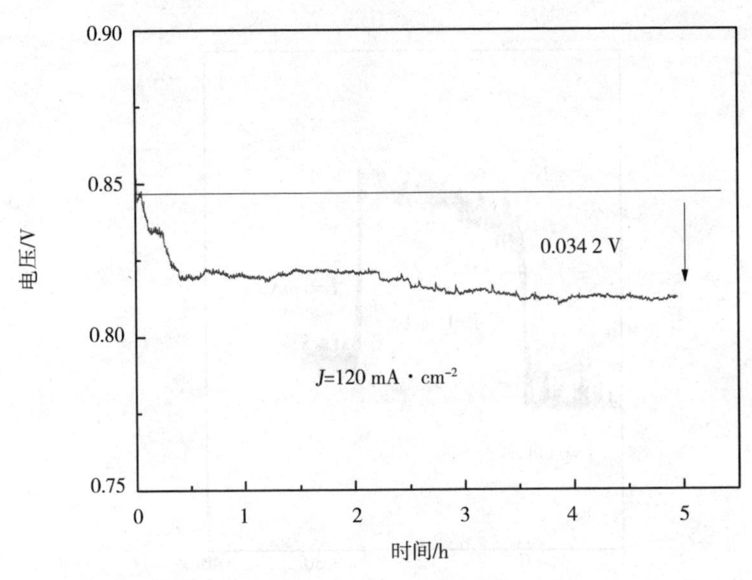

图 3-3 在 850 ℃、体积百分比为 0.005%的 H_2S 气氛、120 mA · cm^{-2} 的电流密度的条件下恒流放电过程中电池输出电压的变化情况

图 3-4 是在 120 mA · cm^{-2} 的电流密度下进行放电(燃料电池模式)和电化学氧化(氧泵模式)时,路端电压随时间的变化情况。选择这一电流密度,一方面是为了便于对比电化学氧化前后电池的性能,另一方面则是为了避免较大电流密度导致氧泵过程中阳极与电解质分离进而引发阳极脱落。由图可知,在第一阶段,电池在 H_2 气氛中工作,输出电压为正值,此时电池作为电流源持续为外电路供电,电压值为外电路负载上的电压降。第一阶段结束时,电池的路端电压为 0. 823 V。在第二阶段,H_2 燃料被替换为 Ar。因为电池阳极气室内没有燃料气体,所以电池无法通过消耗燃料来维持 120 mA · cm^{-2} 的电流密度。此时,电化学工作站转变为电流源,而电池则作为负载。因此,测得的路端电压为负值,代表整个燃料电池上的电压降。在 Ar 气氛中进行电化学氧化再生的 15 min 内,电池电压的绝对值逐渐减小,从开始时的-0. 299 V 变为结束时的-0. 208 V,这说明在电化学氧化过程中,电池的内阻不断减小。这是因为电化学氧化再生过程中,硫毒化产物被不断氧化消除,阳极表面的电化学反应活性位得到释放,从而减小了电池的内阻。

Ar 被重新切换为 H_2 后,电池再次进入燃料电池工作模式,作为电流源持续向外电路提供电流密度为 120 mA · cm^{-2} 的电流。此时电池的路端电压较电化学氧化过程开始之前有了明显改变,电压上升了 0. 127 V,这说明 15 min 的电化学氧化过程能有效改善电池的电化学性能。

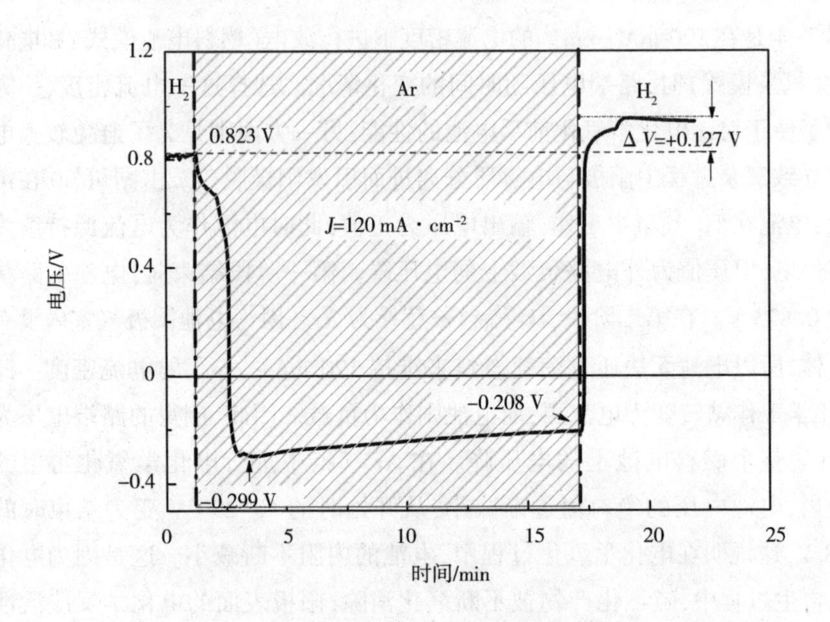

图 3-4　850 ℃、以 120 mA · cm^{-2} 电流密度进行电化学氧化再生过程中电池路端电压的变化情况

图 3-5 是硫毒化前后以及电化学氧化后电池的输出性能对比。结果表明，在硫毒化前电池的功率密度为 0. 129 W · cm^{-2}，硫中毒后电池的最大输出功率密度明显降低，降至 0. 110 W · cm^{-2}。经过 15 min 的电化学氧化后，电池的最大输出功率密度提升至 0. 189 W · cm^{-2}。此功率密度已高于硫毒化前的输出功率密度。此现象与第 2 章前 2 次化学氧化后电池输出功率密度提升的趋势一致。

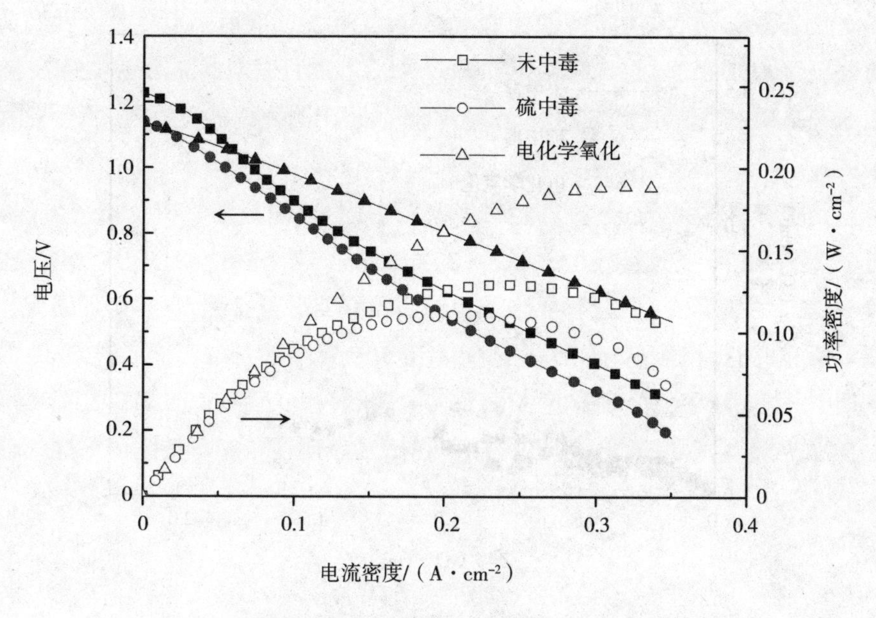

图 3-5　850 ℃、以 LSCrM 为阳极的电池在硫毒化前后以及电化学氧化再生后的输出性能

图 3-6 是硫毒化前后以及电化学氧化再生后 LSCrM 阳极的阻抗谱。硫毒化明显造成了 LSCrM 阳极阻抗增加，但经过电化学氧化后，LSCrM 阳极的阻抗明显减小，并小于硫毒化之前的阻抗值。恒流放电时的电池路端电压、最大输出功率密度以及 LSCrM 阳极的阻抗结果都表明，对硫中毒的 LSCrM 阳极进行历时 15 min 的电化学氧化处理可以有效地提升电池以及 LSCrM 阳极的电化学性能。因此，硫中毒的 LSCrM 阳极可以通过电化学氧化进行再生。

由以上结果可看出，在相同的再生时间（15 min）内，电化学氧化再生法与化学氧化再生法都能够实现硫毒化 LSCrM 阳极的再生，同时以上两种再生方法也都具有提升阳极电化学性能的作用。除此之外，电化学氧化再生法还具有比化学氧化再生法更安全、便捷和有效可控的优点。

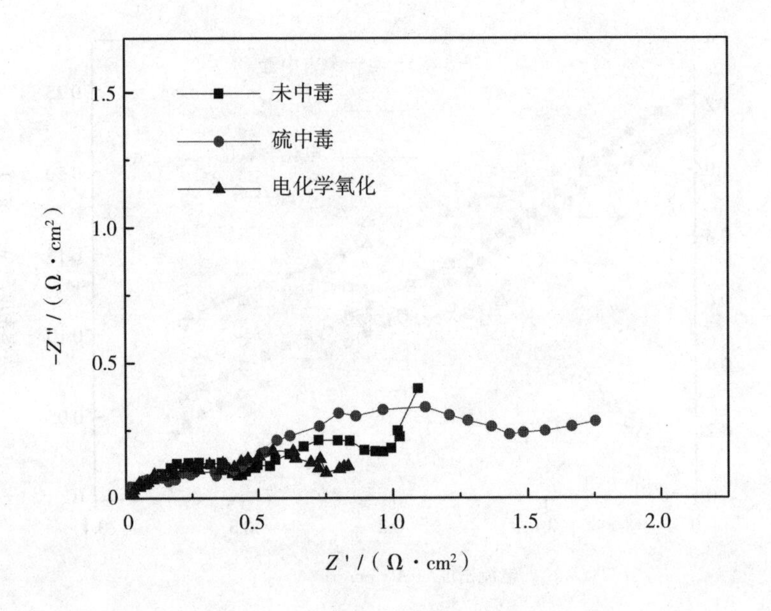

图 3-6　850 ℃、LSCrM 阳极在硫毒化前后以及电化学氧化再生后的阻抗谱

3.3.3　LSCrM 阳极在再生前后的微观形貌对比分析

图 3-7 是电化学氧化再生后 LSCrM 阳极的微观形貌。由图可知，经 15 min 电化学氧化后，LSCrM 阳极的颗粒尺寸并没有明显增大，仍保持在 0.50~1.00 μm 范围内，阳极颗粒连接良好。与图 2-14 (b)所示的硫中毒的 LSCrM 阳极表面相比，电化学氧化后的阳极表面纳米颗粒物质明显减少，粗糙度有所减小。由微观形貌图可看出，电化学氧化再生过程中，LSCrM 阳极表面的吸附硫和金属硫化物被有效清除了，此时的 LSCrM 阳极表面还存在零星分布、尺寸均匀的小颗粒，颗粒尺寸为 20~50 nm。根据第 2 章的 XRD 与 XPS 的结果分析可知，这些小颗粒主要为锰氧化物。与化学氧化再生过程中生成的锰氧化物颗粒相比，经电化学氧化生成的锰氧化物颗粒尺寸明显偏小，并且分布更均匀。

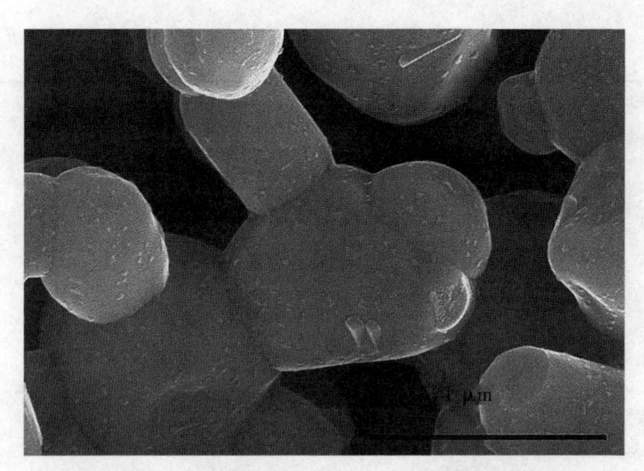

图 3-7　电化学氧化后 LSCrM 阳极的微观形貌

3.3.4　硫毒化 LSCrM 阳极的电化学氧化再生机理分析

本节采用质谱仪连续监测了电化学氧化过程中氧化产物 SO_2 的信号变化情况。图 3-8 是硫中毒 LSCrM 阳极在流动 Ar 气氛中经历 0 mA · cm^{-2} 到 120 mA · cm^{-2} 再到 0 mA · cm^{-2} 三个阶段时，尾气中 SO_2 信号的变化情况。

当给电池施加电流密度为 120 mA · cm^{-2} 的电流，使 LSCrM 阳极处于电化学氧化状态时，质谱仪探测到阳极气室中的 SO_2 信号强度略有增加。在电化学氧化过程结束后，阳极气室中的 SO_2 信号强度明显下降。此结果说明，在电化学氧化过程中，阳极处的硫毒化产物确实被氧化并生成了 SO_2。由于本节实验中 LSCrM 阳极的面积（0.126 cm^2）和厚度（40.0 μm）数值都比较小，且 LSCrM 阳极的硫毒化程度并不严重，所以 LSCrM 阳极处的吸附硫以及金属硫化物的生成量比较少。这也就导致了电化学氧化过程中生成的 SO_2 信号强度较小。

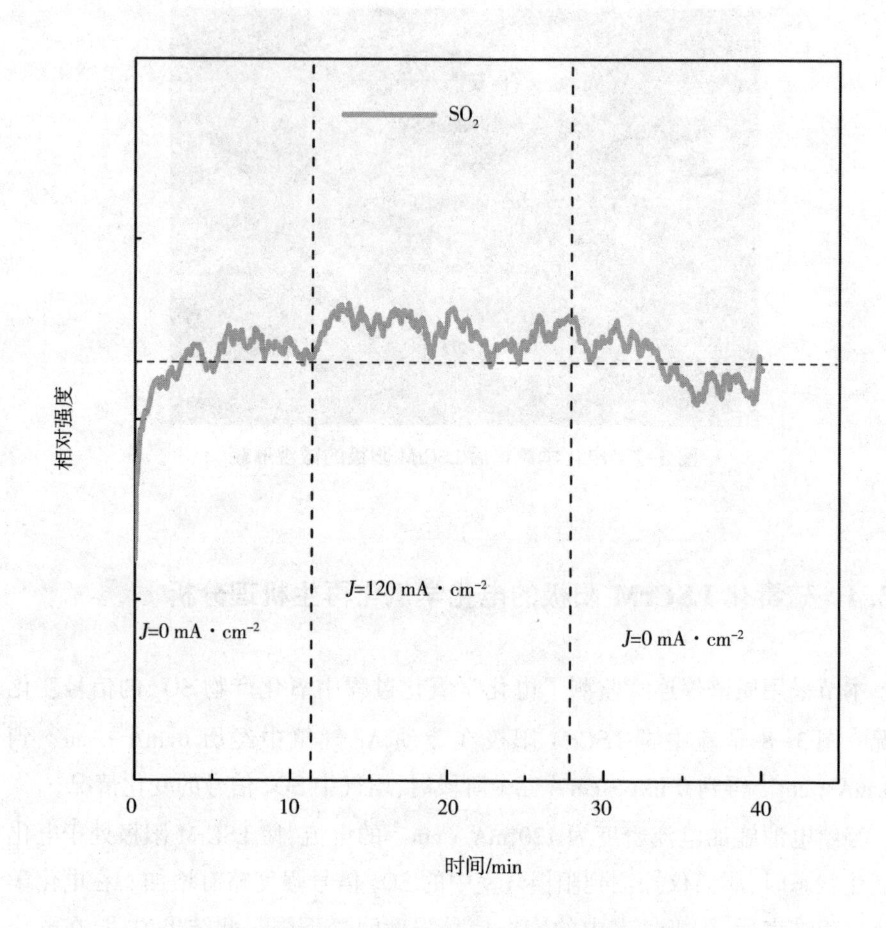

图 3-8　850 ℃、Ar 气氛电化学氧化过程中生成的 SO_2 信号

图 3-9 是硫中毒 LSCrM 阳极通过电化学氧化方法进行再生时的反应过程示意图。电化学氧化时，O^{2-} 由阴极侧经电解质运输至阳极处。图中颜色浅的带小箭头的实线代表 O^{2-} 的传输路径，实线的粗细反映了 O^{2-} 的传输数量。虽然 LSCrM 阳极表面大部分的反应活性点被硫化产物占据，但是 O^{2-} 依旧能在没有被硫毒化产物占据的反应活性点处失电子，变成 O_2 逸出，如式 (3-3) 所示。

$$2O^{2-} \longrightarrow O_2 + 4e^- \tag{3-3}$$

在 LSCrM 阳极表面逸出的 O_2 会与吸附硫和金属硫化物（此处以 S_n 和 MnS 为例）发生氧化还原反应，生成 SO_2 和金属氧化物。该反应过程如式（3-4）至式(3-6)所示。

$$S_n+nO_2 \longrightarrow nSO_2 \tag{3-4}$$

$$2MnS+3O_2 \longrightarrow 2SO_2+2MnO \tag{3-5}$$

$$MnS+2O_2 \longrightarrow SO_2+MnO_2 \tag{3-6}$$

由于金属硫化物中的硫元素处于最低价态,在阳极极化过程中极易失电子而被电化学氧化为硫原子,这些硫原子随后会被 O_2 化学氧化进而生成 SO_2。同时,MnS 晶格会产生硫空位,O^{2-} 会占据硫空位并与金属结合生成金属氧化物。其反应过程如式(3-7)与式(3-8)所示。

$$MnS+O^{2-} \longrightarrow S+MnO+2e^- \tag{3-7}$$

$$S+2O^{2-} \longrightarrow SO_2+4e^- \tag{3-8}$$

在电化学氧化再生过程中,化学氧化和电化学氧化两过程同时发生,共同清除吸附硫和硫化物,并生成锰氧化物,从而提升阳极的性能。

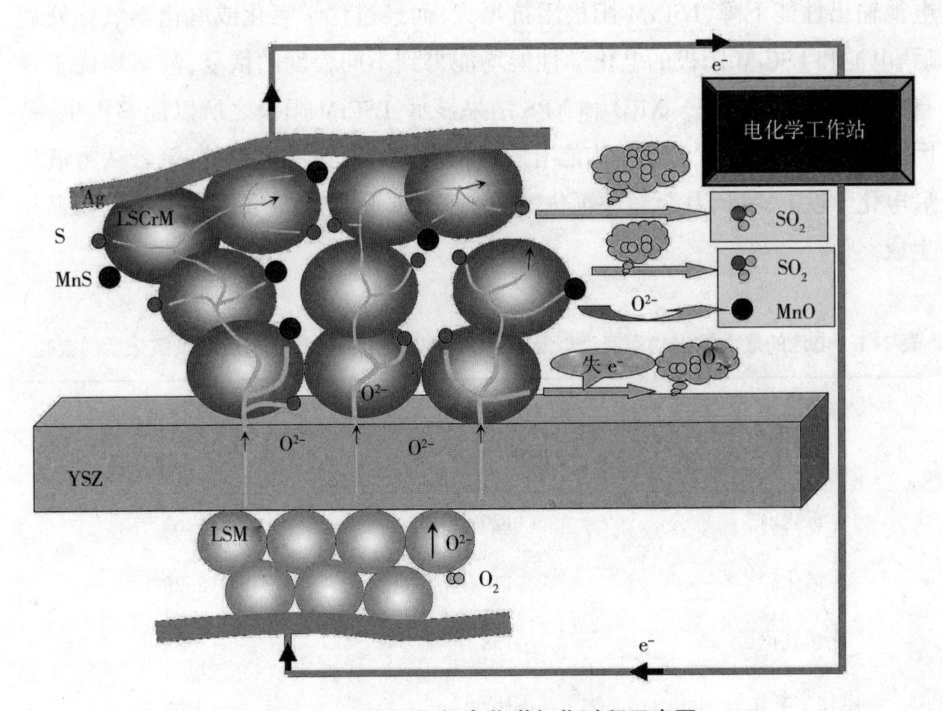

图 3-9　LSCrM 阳极电化学氧化过程示意图

3.4 氧化物纳米颗粒导致电极性能提高的机理分析

化学氧化和电化学氧化均可使硫毒化的 LSCrM 阳极电化学性能得到恢复，可以达到甚至超过硫毒化前的水平。因此，本节首先系统地列出了以 LSCrM 为阳极的电池在硫毒化前后、化学氧化和电化学氧化后的输出性能以及 LSCrM 阳极阻抗的变化情况。接着，结合氧化后 LSCrM 阳极的微观形貌和氢在 MnO 表面吸附能的密度泛函理论(DFT)计算结果来分析性能提升机制。

3.4.1 氧化再生对电极性能提高的实验现象

表 3-1 是电池的性能以及 LSCrM 阳极阻抗在毒化前后、经过化学氧化和电化学氧化后的最大输出功率密度和阳极极化电阻值。由表可知，硫毒化会造成电池输出性能下降、LSCrM 阳极阻抗增大，而经过化学氧化或电化学氧化处理后，电池和 LSCrM 阳极的电化学性能均能得到不同程度的恢复，甚至均优于各自在硫毒化前的状态。XRD 和 XPS 结果显示，LSCrM 阳极之所以能够再生，是因为化学氧化和电化学氧化均能有效地清除硫毒化产物。此外，笔者认为氧化后电化学性能提升，甚至超过毒化前的水平的原因是阳极表面有锰氧化物颗粒生成。

表 3-1 电池的最大输出功率密度以及 LSCrM 阳极阻抗在硫毒化前后以及氧化后的变化

电池	最大功率密度/($mW \cdot cm^{-2}$)	阳极极化电阻/($\Omega \cdot cm^2$)
毒化前	129	1.62
毒化后	110	2.23
化学氧化后	158	1.38
电化学氧化后	189	0.86

图 3-10 是化学氧化和电化学氧化后 LSCrM 阳极的微观形貌。由图可知，两种氧化过程均在 LSCrM 阳极表面生成了锰氧化物颗粒。然而，化学氧化再生过程产生的锰氧化物颗粒尺寸较大且颗粒分布不均匀，而电化学氧化再生过程产生的锰氧化物颗粒尺寸较小且分布均匀。这是因为化学氧化再生过程中，大量的高纯 O_2 被引入阳极气室，充足的 O_2 使氧化过程在短时间内迅速完成，氧化过程比较剧烈，导致氧化产物可在短时间内迅速长大。而在电化学氧化再生过程中，O^{2-} 通过电解质平稳地运输到 LSCrM 电极处，并通过电化学反应缓慢地释放 O_2，同时阳极气室流动的 Ar 会进一步降低氧分压。因此，电化学氧化再生过程中，硫毒化产物的氧化过程以较平和的方式缓慢进行，氧化形成的锰氧化物颗粒并不会快速长大。

在这两种氧化再生过程中，硫中毒 LSCrM 阳极所处的氧化环境不同，导致硫毒化产物以不同的氧化过程被氧化，进而使阳极处氧化产物的尺寸以及分布情况明显不同。与化学氧化再生过程生成的较大锰氧化物颗粒相比，电化学氧化形成的锰氧化物颗粒分布更均匀、颗粒尺寸更小，这更有利于增加 LSCrM 阳极的比表面积以及 TPB 长度，更有利于提升阳极处燃料的吸附与解离效率，并促进燃料电化学反应的进行。

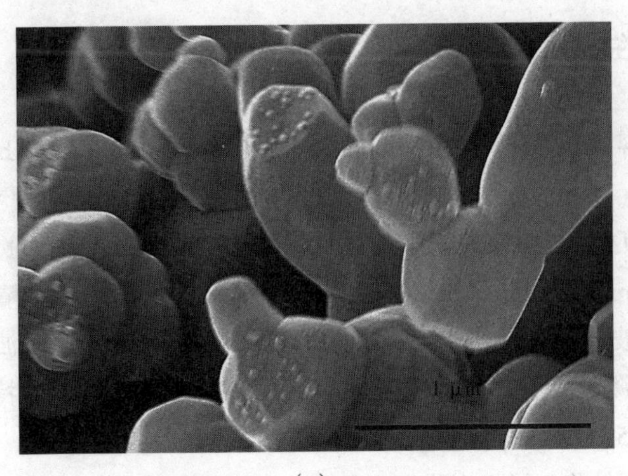

(a)

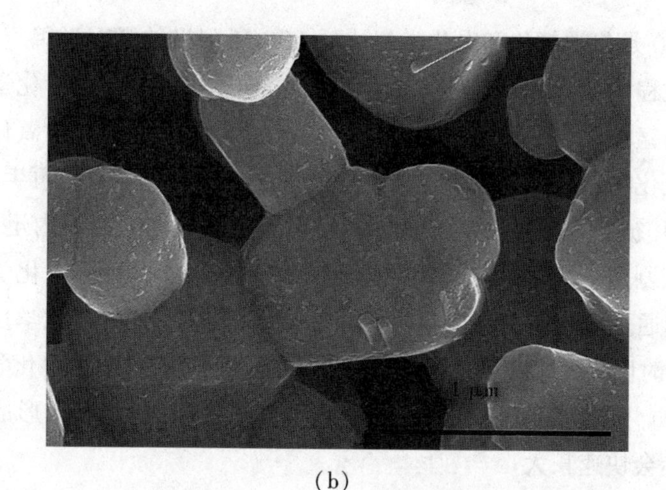

(b)

图 3-10 LSCrM 阳极的微观形貌

(a)化学氧化后;(b) 电化学氧化后

通过第一性原理计算的方法,分别计算 H_2 分子和氢原子在氧化产物 MnO 上的吸附能。这些计算结果将有助于解释化学氧化与电化学氧化再生过程使 LSCrM 阳极性能提升的原因。

3.4.2 氢在 MnO 表面的吸附性质研究

本节内容的计算采用自旋极化的 DFT 方法,通过 Vienna Ab initio Simulation Package (VASP)程序包来完成。采用投影缀加波(PAW)赝势描述电子和芯电子的相互作用,交换关联项的处理采用 Generalized Gradient Approximation (GGA)的 Perdew-Burke-Ernzerhof(PBE)泛函。为了满足计算精度的要求,计算中对平面波截断能和 k-points 进行了收敛性测试。平面波截断能取为 450 eV;布里渊区的积分计算采用 Monkhorst-Pack k-points 的特殊点 7×7×7 (体相)和 5×5×1(表面)对全布里渊区求和。

参与计算的价电子组态为 Mn($3d^6 4s^1$),O ($2s^2 2p^4$),H ($1s^1$)。结构优化采用共轭梯度算法,总能量的自洽收敛判据小于 10^{-5} eV,所有结构弛豫到每个离子上的力均小于 0.01 eV · Å。MnO 的体相晶格参数实验值分别为 4.446 Å,空间群为 *Fm3m*, Mn 原子在(0.00,0.00,0.00)位置,O 原子在

(0.50,0.50,0.50)位置。表面模型建成4层MnO(001)表面,为了避免两表面间的相互作用,在z方向插入厚度为15.000 Å的真空层。在优化过程中固定底部两层,对顶部两层原子和吸附的O原子或H_2分子进行弛豫,如图3-11所示。

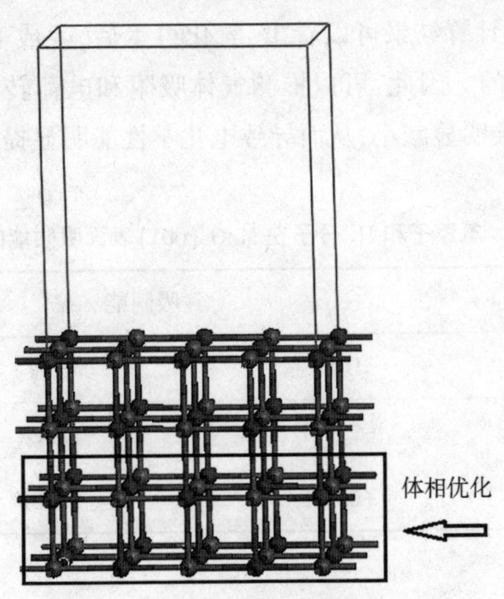

图3-11 MnO (001) 表面示意图

为了保证计算结果的可靠性,首先对MnO体相进行优化,然后将晶格常数的优化结果与实验值进行对比。优化后MnO的晶格参数为4.414 Å,优化后的结果与实验值(4.446 Å)十分接近。

吸附物表面的吸附能按如下表达式计算:

$$E_{ads} = E_{adsorbate-substrate} - E_{adsorbate} - E_{substrate}$$

式中,E_{ads} ——吸附能(eV);

$E_{adsorbate-substrate}$ ——弛豫的吸附物和表面的总能(eV);

$E_{adsorbate}$ ——吸附物的总能(eV);

$E_{substrate}$ ——清洁表面的总能(eV)。

H_2分子能量取为H_2分子理论计算的结合能,氢原子能量为H_2分子理论计算结合能的一半。根据这个定义式,吸附能为负值,表明吸附过程是放热过程,吸附容易发生;吸附能为正值,表明吸附过程是吸热过程,吸附不容易发生。

本节考虑自旋极化计算得到的H_2分子的键长为0.749 Å,结合能为

4.53 eV,与实验值(a_0=0.741 Å, E=4.75 eV)相近。在考察过程中,考虑三个不同的吸附位:Mn 位、Hollow 位和 O 位。氢原子和 H_2 分子在 MnO (001)表面不同吸附位的吸附能对比结果见表 3-2。由表可知,氢原子和 H_2 分子在 MnO (001)表面最稳定的吸附位置都是 Mn 位,吸附能分别为-0.701 eV 和-2.328 eV。由这些计算结果可以看出,氧化再生后,生成 MnO 对于氢原子和 H_2 分子吸附是有利的。因此,可以推测气体吸附和电荷转移过程对应的阻抗在阳极氧化过程中会明显减小,从而导致电化学性能明显提升。

表 3-2　氢原子和 H_2 分子在 MnO (001)表面吸附能的对比

吸附物	吸附能 /eV		
	O 位	Mn 位	Hollow 位
H_2分子	-2.311	-2.328	-2.287
氢原子	-0.425	-0.701	-0.645

3.5　多次硫毒化-电化学氧化再生循环对 LSCrM 阳极的影响

3.5.1　LSCrM 阳极在多次硫毒化-电化学氧化再生循环中的性能演化

电化学氧化再生法能够有效恢复甚至提升硫中毒 LSCrM 阳极的电化学性能。该方法便捷、安全,具有良好的应用前景。在实际应用中,固体氧化物燃料电池经过电化学氧化法再生后,会继续在含硫燃料中工作,导致阳极再次发生硫毒化,从而形成一个硫毒化-电化学氧化再生的循环过程。基于此,本节将继续研究多次硫毒化-电化学氧化再生循环对 LSCrM 阳极的影响。

为深入研究这一过程,本节实验对 LSCrM 阳极进行了 6 次硫毒化-电化学氧化再生循环。硫毒化的时间依次为 5.0 h、2.0 h、8.0 h、1.2 h、1.2 h、1.2 h,

每次电化学氧化再生时间均为 15 min。

图 3-12 展示了 6 次硫毒化-电化学氧化再生循环中电池输出电压随时间的变化情况。实验结果表明,随着硫毒化次数增加,电池电压呈现逐渐下降的趋势,分别降低了 0. 034 2 V、0. 054 5 V、0. 133 2 V、0. 070 3 V、0. 067 0 V 和 0. 067 9 V。然而,每次经过 15 min 的电化学氧化再生后,电池输出电压均有显著回升。这说明电化学氧化能够有效恢复电池的性能。

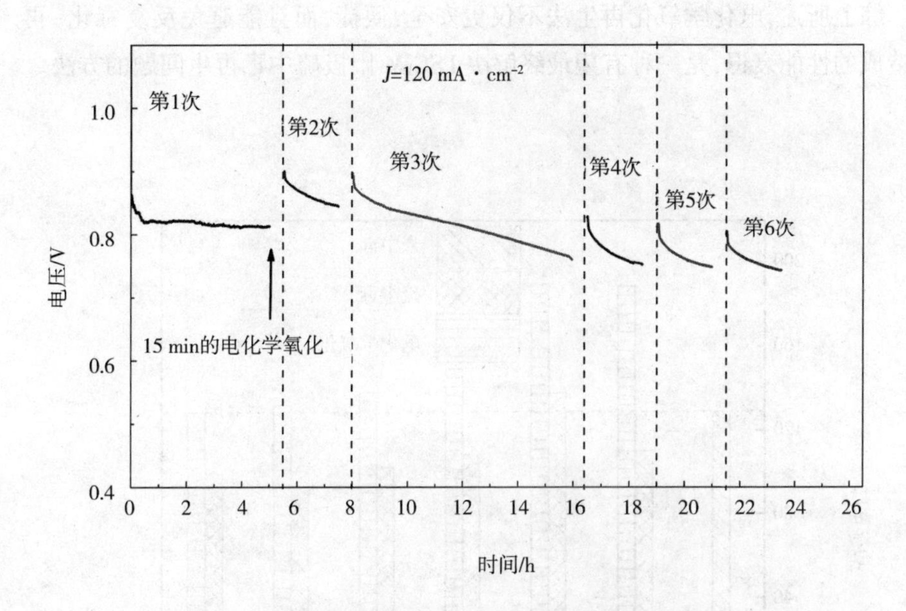

图 3-12　850 ℃时 6 次硫毒化-电化学氧化再生循环中电池输出电压变化情况

值得注意的是,与第 2 章研究的硫毒化-化学氧化再生循环过程中输出电压衰退率随着硫毒化-化学氧化再生循环次数增加而快速上升的趋势不同,多次硫毒化-电化学氧化再生过程并未导致输出电压衰退率持续上升。特别是在最后 3 次硫毒化过程中,电池输出电压衰退率基本保持稳定。这进一步凸显了电化学氧化再生法在维持电池性能方面的显著优势。这与电化学氧化再生过程中,锰元素的析出量较少、对 LSCrM 阳极的结构和电化学性能破坏较小有关。值得一提的是,电化学氧化后,在阳极处形成的均匀分布的锰氧化物纳米颗粒也会对改善阳极电化学性能起到积极作用。

图 3-13 展示了 6 次硫毒化-电化学氧化再生循环过程中电池最大输出功率密度对比。其变化规律与化学氧化再生过程类似。每次硫毒化都会导致电池输出性能明显衰退,而每次电化学氧化再生都能够使电池输出性能得到不同程度的恢复。值得注意的是,每次电化学氧化再生后,电池的最大输出功率密度都不低于硫毒化前的水平。这也就意味着,后期的硫毒化-电化学氧化过程并未造成电池输出性能持续衰退。相比之下,采用化学氧化再生时,电池输出功率密度仅在最初 2 次氧化后超过了毒化前的水平,而后期则出现了明显下降。综上所述,电化学氧化再生法不仅更安全、便捷,而且能避免反复毒化-再生造成的性能衰退,是一种有望最终解决 LSCrM 阳极硫中毒再生问题的方法。

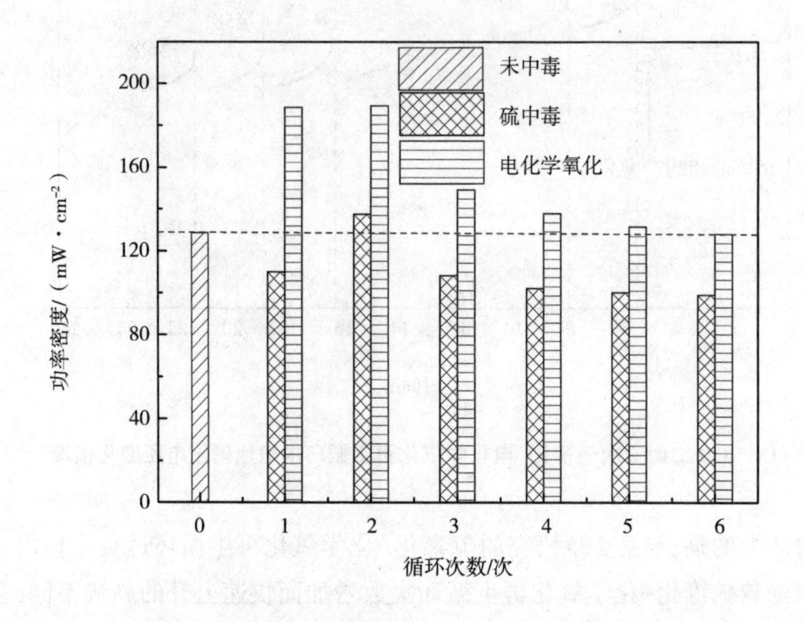

图 3-13　850 ℃、6 次硫毒化-电化学氧化再生循环过程中电池最大输出功率密度对比

3.5.2　多次硫毒化-电化学氧化再生过程的阻抗谱分析

本节使用 Z-View 软件对 6 次硫毒化-电化学氧化再生循环过程中的

LSCrM 阳极阻抗谱数据进行拟合。

图 3-14 所示为 6 次硫毒化-电化学氧化再生前后阻抗谱的高频、中频、低频阻抗值的拟合结果。由图可知,高频、中频、低频的阻抗值在每次硫毒化后都明显增大;而在电化学氧化后,这些阻抗值都明显减小,特别是在第 2 次电化学氧化再生后,阳极的总极化阻抗值达到了最小。这些结果与第 2 章硫毒化-化学氧化再生实验的结果一致。

在多次化学氧化再生过程中,LSCrM 阳极的高频阻抗值与中频阻抗值都随着化学氧化次数增加而持续增大,低频阻抗值在第 2 次化学氧化之后也呈现同样的增大趋势。然而,在采用电化学氧化方法进行再生时,后期的电化学氧化再生过程并没有使高频、中频、低频的阻抗值持续增大,而是保持了稳定。由此可见,化学氧化再生法与电化学氧化再生法有着显著差异。另外应当注意的是,LSCrM 阳极的低频阻抗值在每次电化学氧化再生后都明显比硫毒化前的阻抗值小。接下来,我们将通过分析多次硫毒化-电化学氧化后的 LSCrM 阳极的微观形貌来进一步探讨这些现象。

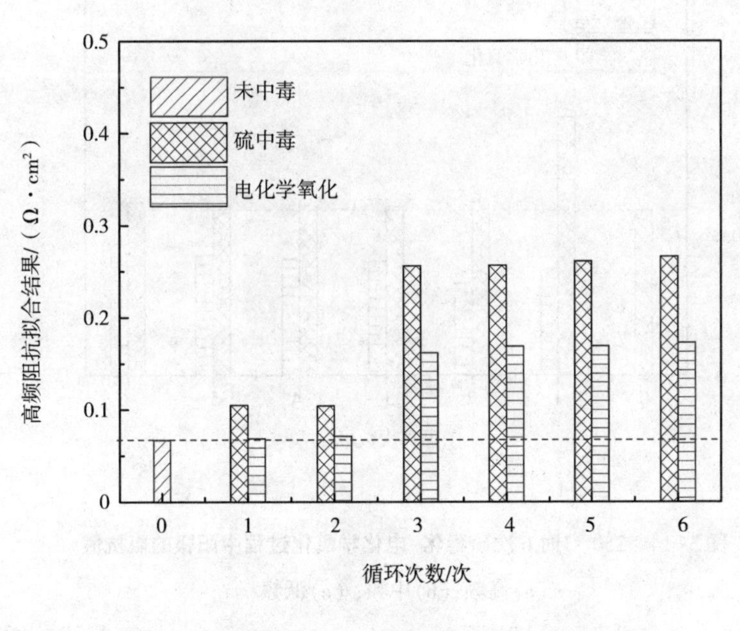

(a)

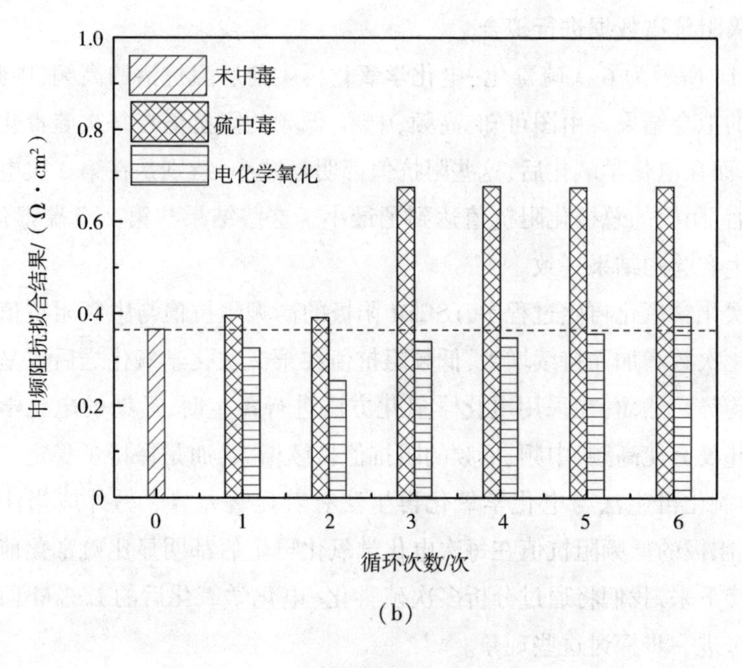

(b)

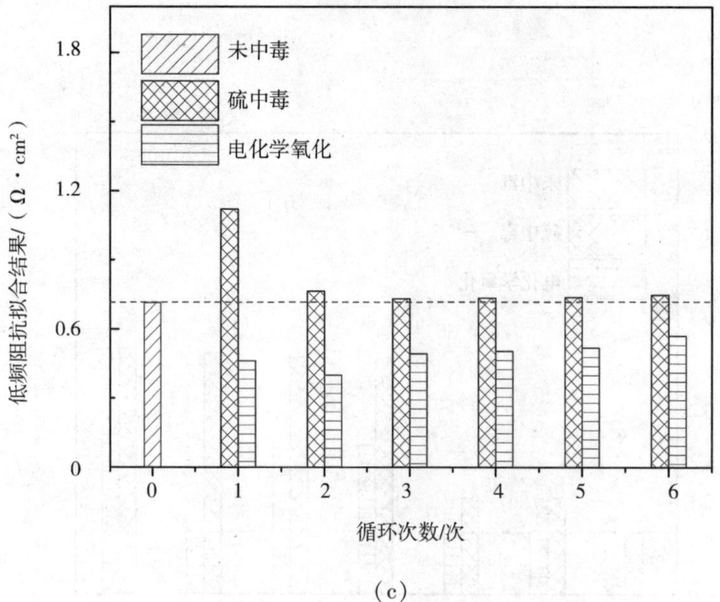

(c)

图 3-14　850 ℃时 6 次硫毒化-电化学氧化过程中阳极的阻抗值

(a)高频;(b)中频; (c)低频

3.5.3　多次电化学氧化再生过程中电极的稳定性与机制分析

图3-15是第6次电化学氧化后LSCrM阳极的微观形貌。与图2-14（a）所示的硫毒化前的LSCrM阳极相比，其颗粒尺寸并没有显著增大，颗粒之间仍保持良好的接触，这说明在H_2燃料气氛、含H_2S的毒化气氛以及电化学氧化处理后，LSCrM的基本骨架结构均保持稳定。与图2-14（b）所示的硫毒化后的LSCrM阳极相比，第6次电化学氧化后的LSCrM阳极表面更为光滑，表明硫毒化产物已通过电化学氧化过程被有效清除。与图2-29（b）所示的第6次化学氧化后的LSCrM阳极相比，此时LSCrM阳极表面并没有被大量氧化产物所包覆。

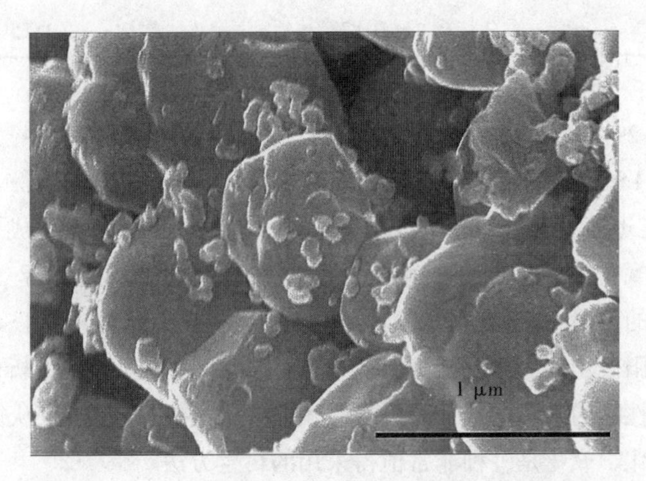

图3-15　第6次电化学氧化后LSCrM阳极的微观形貌

表3-3所列为第6次电化学氧化后LSCrM阳极氧化产物的元素成分。由表可知，金属元素中Mn的原子百分比最高。此结果说明第6次硫毒化-电化学氧化再生后的主要产物为锰氧化物。此处存在S元素是因为氧化后阳极处会有少量SO_4^{2-}生成，C元素则来源于阳极表面吸附的CO_2。同时，La元素、Sr元素、Cr元素存在是因为探测光斑（直径为微米量级）打到了阳极基底表面上。这些微观形貌和元素成分的结果说明，相同次数的电化学氧化过程生成的锰氧

化物颗粒数量远少于化学氧化过程。此结果进一步说明多次电化学氧化过程产生的锰原子数量也远不如化学氧化过程。

表 3-3　第 6 次电化学氧化产物的元素组成

元素	重量百分比/%	原子百分比/%
Mn	34.55	28.91
La	32.62	10.79
O	14.30	41.08
Cr	10.25	9.06
Sr	5.89	3.09
C	1.52	5.82
S	0.87	1.25

如图 2-29 (b)所示,多次硫毒化-化学氧化再生循环过程中,大量锰氧化物颗粒会在 LSCrM 表面形成较厚的覆盖层。这会严重影响 LSCrM 的阳极功能,导致性能迅速衰退。而多次电化学氧化再生过程虽然也会生成一些颗粒尺寸较大的锰氧化物,如图 3-15 所示,但这些锰氧化物颗粒只是零星散布在 LSCrM 阳极的表面,并没有完全覆盖 LSCrM 阳极颗粒,这意味着 LSCrM 仍能有效地发挥其阳极功能。除此之外,化学氧化过程中锰元素的大量析出对 LSCrM 阳极电化学性能的破坏远大于电化学氧化过程。这一研究结果从微结构的角度证明了电化学氧化是一种非常值得采用的再生方法。

在 LSCrM 阻抗谱中,从高频到低频对应的电极过程依次为 O^{2-} 的运输过程、电荷转移过程以及燃料的吸附与解离过程。硫毒化产物的产生会阻碍这三个电极过程,导致各电极过程的等效电阻增加。然而,电化学氧化再生过程能有效地清除硫化产物,从而减小各电极过程的等效电阻值。值得注意的是,硫毒化-电化学氧化再生过程会导致部分金属元素(如 Mn)离开 LSCrM 晶格,这可能会破坏 LSCrM 中各元素的比例,降低阳极的离子电导率和电子电导率。因此,在整个硫毒化-电化学氧化再生循环中,高频弧对应的 O^{2-} 迁移阻抗值持续增大,且在电化学氧化再生后也总是大于硫毒化前的阻抗值。

从微观形貌来看,即使阳极经历了多达 6 次的电化学氧化再生过程,锰氧化物也没有持续地生成并对 LSCrM 阳极造成多层覆盖。这是因为纳米尺度的锰氧化物的生成能有效促进燃料的吸附过程,所以低频弧对应的气体吸附/解离阻抗在多次电化学氧化再生过程中持续减小,并且总是小于硫毒化前的阻抗值。由于电荷转移过程与燃料吸附过程密切相关,顺畅的吸附/解离过程可以为电荷转移过程提供充足的反应物,因此在多次电化学氧化过程中,电荷转移过程对应的阻抗变化趋势与燃料吸附过程一致。

从多次硫毒化-电化学氧化再生循环的阻抗结果来看,后期(第 3 次至第 6 次)毒化以及再生的阻抗值均无明显增大的趋势,这说明电极的电化学性能在此过程中比较稳定。其原因是,与直接通入纯 O_2 进行化学氧化的方式相比,以有限的电流向阳极泵氧进行电化学氧化的方式更温和,在清除硫毒化产物的同时能够在 LSCrM 晶格中保留更多的 Mn 等金属元素。因此,多次电化学氧化过程不会导致阳极电化学性能持续衰退。

3.6　本章小结

本章提出了电化学氧化再生法并实现了硫中毒 LSCrM 阳极的再生,通过第一性原理计算分析了再生机制,结果表明:

(1)电化学氧化过程中,大量 O^{2-} 被运输到阳极,并在阳极处生成一定量的 O_2。这一过程中,化学和电化学反应可以有效地清除 S_8、MnS、La_2O_2S 等硫毒化产物。

(2)电化学氧化过程中,在阳极表面还产生了锰氧化物颗粒。这些锰氧化物的生成显著提升了 LSCrM 阳极的电化学性能,实现了硫中毒 LSCrM 阳极再生。

(3)多次电化学氧化过程没有导致锰元素大量析出或锰氧化物颗粒数量持续增加,也没有给 LSCrM 阳极带来不可逆破坏。相反,阳极表面均匀分布的适量的锰氧化物颗粒促进了阳极处燃料吸附和电荷转移过程。

(4)氢原子和 H_2 分子在 MnO(001)表面的吸附过程为放热反应。这表明生成 MnO 可促进氢在阳极表面的有效吸附。

第 4 章　Co 修饰 LSCrM 阳极的硫中毒机制及再生研究

4.1　引言

在新型阳极材料的探索中，LSCrM 材料凭借其良好的稳定性、耐硫中毒能力以及抗碳沉积能力备受关注。然而，此材料的电导率相对较低，对燃料的电催化能力较弱。因此，以 LSCrM 为阳极的电池的输出性能尚不能与传统 Ni-YSZ 金属陶瓷阳极的电池相媲美。为提升 LSCrM 阳极的电化学性能和电池的输出性能，研究人员通常采取向 LSCrM 阳极中引入金属催化剂和 CeO_2 基固体电解质的方法。这种方法旨在提高阳极的电导率和催化活性。

在水煤气转化与甲烷重整研究中，水煤气中存在 H_2S 会造成催化剂毒化，进而严重影响水煤气的转化效率。在各类金属催化剂中，金属 Co 有较好的催化活性与耐硫性能。当使用金属 Co 作为水煤气转化的催化剂时，即使存在 H_2S，其耐硫阈值也可提升至 0.024% H_2S。此外，金属 Co 还曾被用作固体氧化物燃料电池的阳极材料。例如，Co/ZrO_2 复合材料作为固体氧化物燃料电池的阳极表现出了良好的电化学性能。除此之外，一些含 Co 的双金属材料（如 Ni-Co-YSZ 和 Cu-Co-YSZ）也被用作固体氧化物燃料电池的阳极，目的在于促进阳极处燃料的氧化反应，并提高阳极的热稳定性。因此，本书选择金属 Co 作为 LSCrM 阳极的催化剂来提升 LSCrM 阳极的电化学性能，同时还对金属 Co 修饰的 LSCrM（Co-LSCrM）复合阳极的耐硫中毒能力和毒化后的再生进行研究。

本章首先研究金属 Co 催化剂的加入量对 LSCrM 阳极电化学性能的影响；在此基础上，进行 Co-LSCrM 复合阳极的耐硫中毒能力测试，并结合硫中毒后的阳极物相以及微观形貌来分析硫中毒的原因；最后，分别采用化学氧化再生法和电化学氧化再生法对硫中毒的 Co-LSCrM 复合阳极进行再生，并探讨其再生机制。

4.2 Co修饰LSCrM阳极的浸渍法制备及物相表征

4.2.1 LSCrM复合阳极的制备

本章采用第2章所述的方法和条件来合成LSCrM阳极粉末并制备电极和电池样品。在LSCrM阳极中添加金属催化剂主要有两种方法:粉末机械混合法和硝酸盐溶液浸渍法。通过粉末机械混合法向电极中引入的催化剂颗粒尺寸比较大,粒径通常在微米量级或亚微米量级,并且催化剂颗粒易团聚;而硝酸盐溶液浸渍法则能引入纳米量级的催化剂,并且分布更均匀。因此,本节选择硝酸盐溶液浸渍法向LSCrM涂层阳极中引入金属Co催化剂。为了避免LSCrM颗粒间的孔径过小而导致浸渍液无法深入阳极内部,以及催化剂颗粒在LSCrM阳极表面聚集,在制备LSCrM多孔阳极涂层阶段,按质量比为10∶1(LSCrM∶活性炭粉末)的比例向LSCrM阳极浆料中加入活性炭粉末进行造孔。造孔后,将LSCrM多孔阳极浸渍0.5 mol·L^{-1}的$Co(NO_3)_2$溶液,并经过多次浸渍和400 ℃热处理。之后,将浸渍完成的Co-LSCrM/YSZ/LSM电池在900 ℃下煅烧1 h。电池封装、测试设备及条件与第2章、第3章基本相同。

4.2.2 LSCrM复合阳极的物相表征

对多次浸渍煅烧以及H_2还原处理后的Co-LSCrM复合阳极的成分进行表征,结果如图4-1所示。

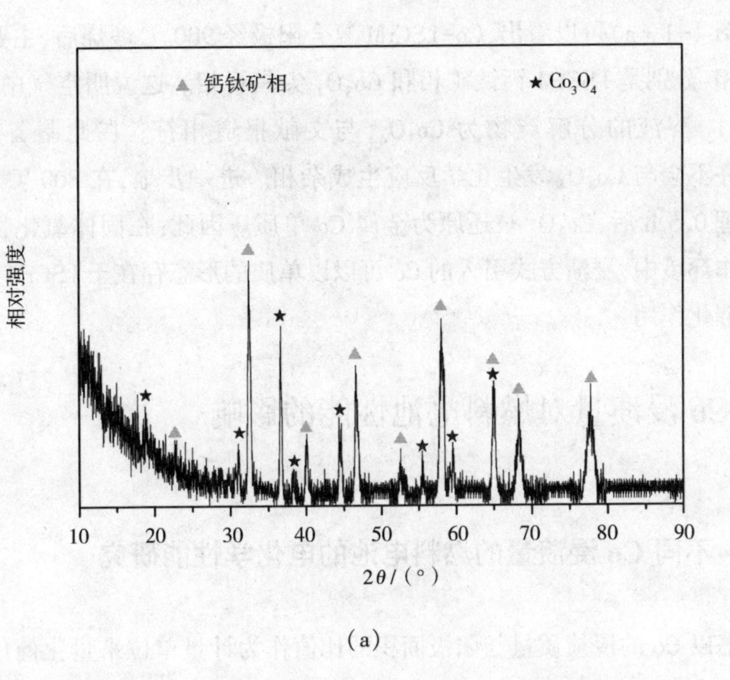

(a)

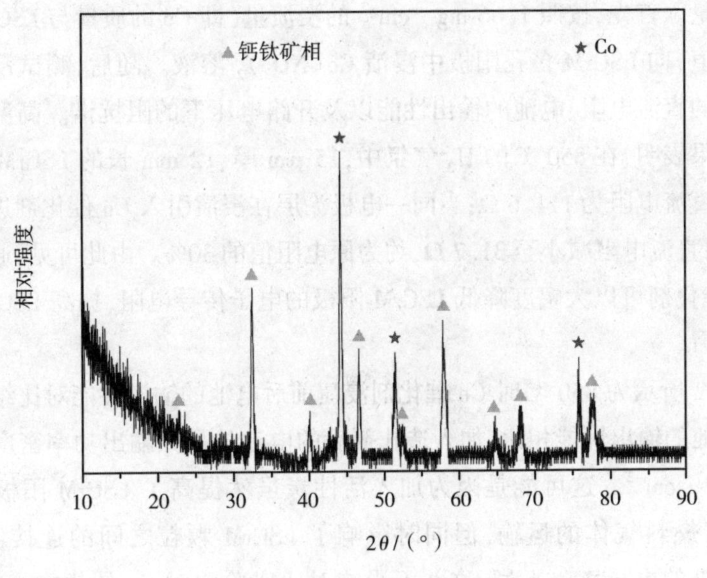

(b)

图 4-1　Co-LSCrM 复合阳极的 XRD 图

(a)还原前;(b)还原后

由图4-1 (a)可以看出,Co-LSCrM复合阳极经900 ℃煅烧后,主要出现了两种物相,分别是LSCrM钙钛矿相和Co_3O_4尖晶石相。这说明空气中加热后,$Co(NO_3)_2$溶液的分解产物为Co_3O_4,与文献报道相符。在此制备条件下,LSCrM并不会与Co_3O_4发生化学反应生成杂相。进一步地,在800 ℃的H_2气氛中处理0.5 h后,Co_3O_4被还原为金属Co单质。因此,在固体氧化物燃料电池的工作环境中,浸渍方式引入的Co可以以单质的形态存在于LSCrM阳极中,并发挥催化作用。

4.3 Co浸渍量对燃料电池性能的影响

4.3.1 不同Co浸渍量的燃料电池的电化学性能研究

本书以Co的浸渍质量与阳极面积的比值作为计量单位来量化催化剂在阳极中的含量。首先,按照1.66 mg · cm^{-2}的浸渍量(即Co的质量与LSCrM阳极面积的比值)向LSCrM多孔阳极中浸渍$Co(NO_3)_2$溶液。随后,测试浸渍前后阳极涂层的直流电阻、电池的输出性能以及开路电压下的阻抗谱。高温直流电阻测试结果表明,在850 ℃的H_2气氛中,15 μm厚、12 mm长的LSCrM阳极涂层的横向直流电阻为111.6 Ω;当同一电极涂层在浸渍引入Co催化剂进行修饰后,其横向直流电阻减小至31.7 Ω,约为原电阻值的30%。由此可见,通过浸渍引入Co催化剂可以大幅度降低LSCrM阳极的电子传导电阻,提高LSCrM阳极的导电能力。

图4-2所示为850 ℃时Co催化剂浸渍前后电池的输出性能对比结果。与第2章电池的输出性能相比,加入造孔剂后的电池的最大输出功率密度降低至0.058 7 W · cm^{-2}。这可能是因为加入活性炭虽然提高了LSCrM阳极的气孔率,有利于燃料气体的运输,但同时影响了LSCrM颗粒之间的连接,降低了LSCrM阳极的电导率。不过,这并不影响对比实验中对Co催化能力的表征。经过Co修饰后的电池的最大输出功率密度为0.196 2 W · cm^{-2},电池的输出性能是原来的3.3倍。

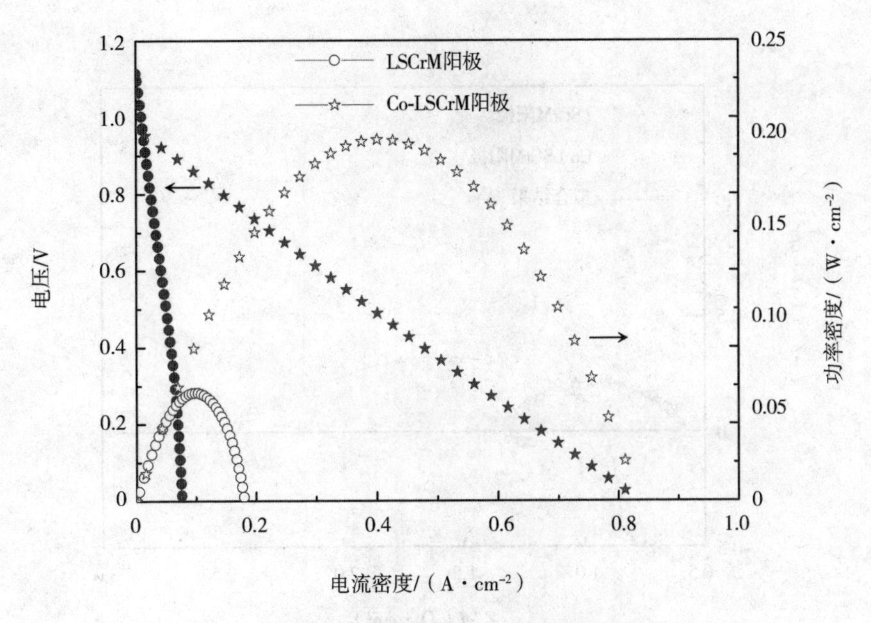

图 4-2　850 ℃、Co 催化剂浸渍前后固体氧化物燃料电池的输出性能

图 4-3 所示为 850 ℃时 Co 浸渍前后电池在开路电压下的阻抗谱。此谱图可以利用 Z-View 软件，按照图 4-4 所示的等效电路进行拟合，拟合结果详见表 4-1。在等效电路中，电感 L_1 对应于阻抗谱中高频区域实轴以下的部分；CPE-1、CPE-2 和 CPE-3 代表恒相角元件；R_1 对应于欧姆阻抗，包括电解质的离子电导阻抗、电极的欧姆阻抗以及电极与电解质之间的接触阻抗；R_2 和 R_3 分别是与高频弧和低频弧对应的电荷转移阻抗和气体吸附解离阻抗；R_4 和 L_2 则对应于阻抗谱中低频实轴以下的部分，与中间产物的吸附过程有关。由表 4-1 可看出，在 H_2 气氛中，以纯 LSCrM 为阳极的电池极化电阻 R_e（$R_e=R_2+R_3+R_4$）为 1.52 $\Omega\cdot cm^2$，以 Co-LSCrM 为阳极的电池极化电阻为 0.74 $\Omega\cdot cm^2$，引入催化剂 Co 极大地减小了电池的极化电阻。浸渍 Co 催化剂后，电池电化学性能明显提升，其原因大致有 3 个：(1) Co 本身具有电催化活性，可以加速燃料的电化学反应；(2) LSCrM 表面的 Co 颗粒能够为燃料氧化提供更多的反应活性点，使燃料更容易吸附，产物更容易脱附；(3) 引入金属 Co 单质可以显著提高阳极的电子电导率，从而改善电子传导性能。

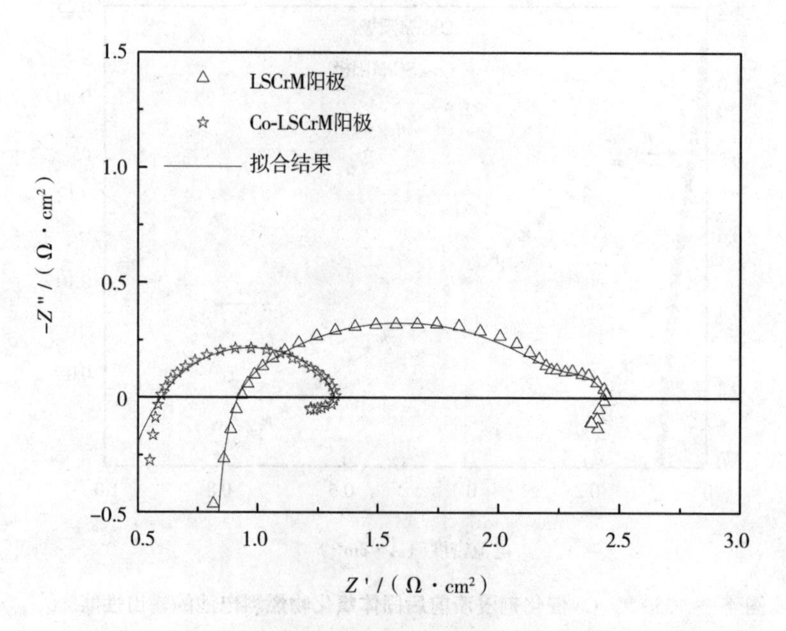

图 4-3　850 ℃、Co 催化剂浸渍前后固体氧化物燃料电池的阻抗谱

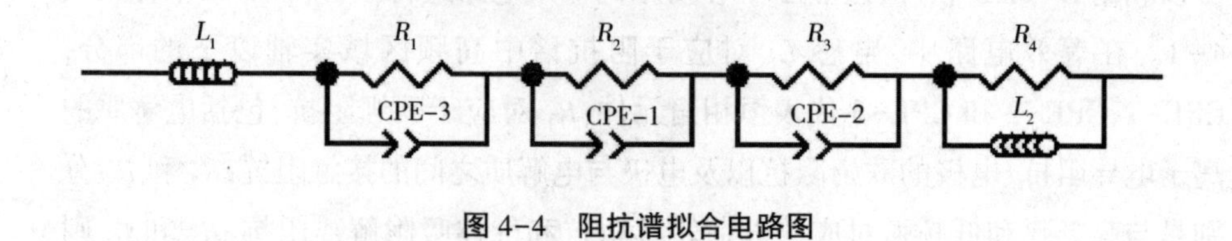

图 4-4　阻抗谱拟合电路图

表 4-1　850 ℃时 Co 催化剂浸渍前后固体氧化物燃料电池的阻抗谱拟合结果

电池	R_1/ ($\Omega\cdot cm^2$)	$R_2+R_3+R_4$/ ($\Omega\cdot cm^2$)
以 LSCrM 为阳极	0.93	1.52
以 Co-LSCrM 为阳极	0.59	0.74

为了优化 LSCrM 阳极的 Co 浸渍量，本节研究了不同 Co 浸渍量对电池性能的影响。为此制备了 5 个电池，编号为电池 1~5，其 Co 催化剂的浸渍量分别为 0 mg · cm^{-2}、0.56 mg · cm^{-2}、1.66 mg · cm^{-2}、2.22 mg · cm^{-2} 和 3.88 mg · cm^{-2}。图 4-5 是这些电池在 800 ℃使用 H_2 燃料时的输出性能。电池的开路电压均在 1 V 以上，这说明 YSZ 电解质致密无漏气。随着 Co 浸渍量增加，电池的最大输出功率密度先增加后减小。其中，电池 3（1.66 mg · cm^{-2}）表现出最优的电化学性能，其最大功率密度为 0.169 4 W · cm^{-2}。然而，随着 LSCrM 阳极中 Co 催化剂浸渍量进一步增加，电池的最大输出功率密度开始减小。当 Co 的浸渍量达到 3.88 mg · cm^{-2} 时，电池 5 的最大输出功率密度减小至 0.129 2 W · cm^{-2}。

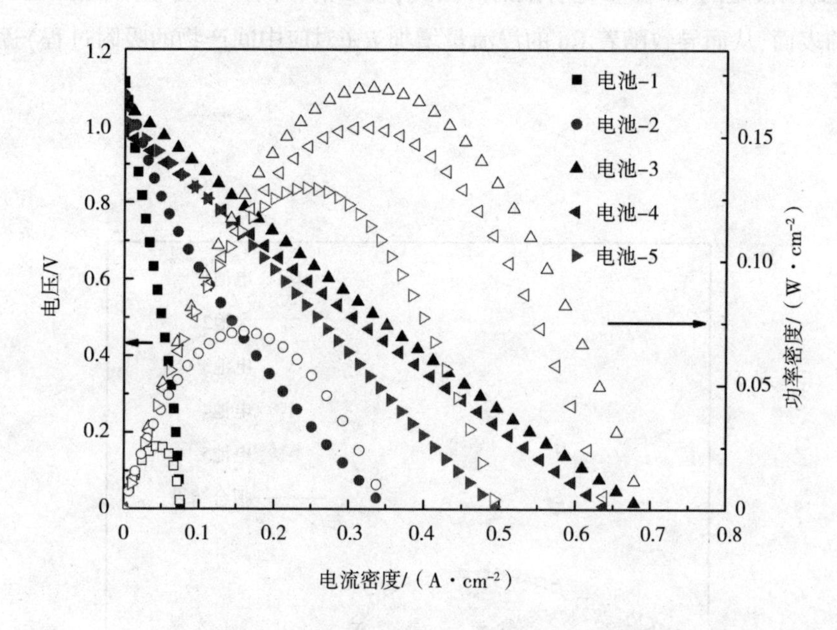

图 4-5　800 ℃、不同 Co 催化剂浸渍量修饰的固体氧化物燃料电池的输出性能

为了更清楚地了解不同 Co 催化剂浸渍量对电极过程的影响，本节还测试了 H_2 气氛中 5 个电池的阻抗谱，结果如图 4-6 所示。表 4-2 所列为图 4-6 阻抗谱中 R_1、R_2、R_3 和 R_4 的拟合值。由表 4-2 可以看出，R_2 和 R_3 的拟合值先减小后增大，而 R_4 的拟合值则持续增大。因为 LSCrM 是混合离子导体，所以电荷

转移过程不仅会发生在 TPB,还会发生在 LSCrM 颗粒的表面。纯 LSCrM 的催化活性较低,故电荷转移速率较低。加入催化剂 Co 会促进 H_2 吸附,加快 H_2 解离为 $H_{ads,LSCrM}$ 和 $H_{ads,TPB}$ 的反应速率。因此,Co 会促进 H 原子与晶格氧之间的电荷转移过程。

除此之外,催化剂 Co 存在时,燃料会被充分利用,从而使阳极处的气体运输更通畅。因此,随着 Co 浸渍量的增加,电池 2 和电池 3 的极化阻抗 R_2(对应电荷转移过程)和 R_3(对应气体吸附、解离和扩散过程)有减小的趋势。但是引入过多 Co 可能会完全覆盖 LSCrM 的表面,减小多孔阳极的气孔率,从而阻塞燃料气体和反应产物的运输通道,导致电池 4 和电池 5 的 R_2 和 R_3 的数值增大。虽然 Co 浸渍量增加会增大燃料气体的吸附和解离速率,但是从 YSZ 电解质处扩散到阳极处的 O^{2-} 数量是有限的。因此,较多的中间产物会吸附在 LSCrM 和 Co 的表面,从而导致随着 Co 的浸渍量增加 R_4(对应中间产物的吸附过程)逐渐增大。

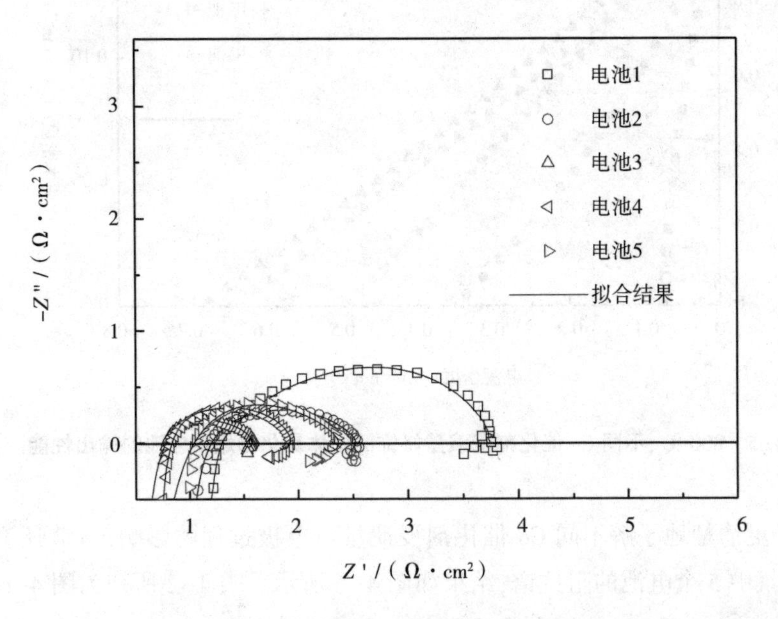

图 4-6 800 ℃、不同 Co 催化剂浸渍量修饰的固体氧化物燃料电池的阻抗谱

表 4-2　800 ℃、不同 Co 浸渍量修饰前后固体氧化物燃料电池的阻抗拟合值

电池	R_1/ (Ω·cm²)	R_2/ (Ω·cm²)	R_3/ (Ω·cm²)	R_4/ (Ω·cm²)	R_e/ (Ω·cm²)
电池 1 (0 mg·cm⁻² Co)	1.24	1.79	0.75	0.09	2.63
电池 2 (0.56 mg·cm⁻² Co)	1.18	1.10	0.27	0.12	1.49
电池 3 (1.66 mg·cm⁻² Co)	0.79	0.45	0.26	0.12	0.83
电池 4 (2.22 mg·cm⁻² Co)	0.82	0.56	0.41	0.24	1.21
电池 5 (3.88 mg·cm⁻² Co)	1.03	0.66	0.45	0.26	1.37

4.3.2　不同 Co 浸渍量修饰的 LSCrM 阳极的微结构观测

为了验证以上电化学测试结果，本节使用扫描电镜测试了不同 Co 浸渍量修饰的 LSCrM 阳极的微观形貌，结果如图 4-7 所示。

(a)

(b)

(c)

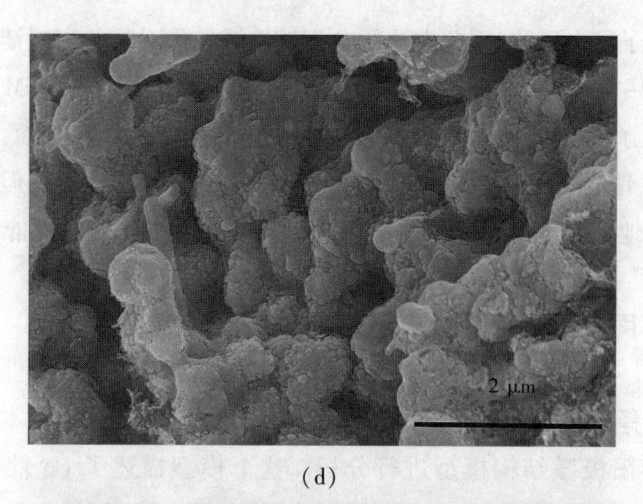

(d)

(e)

图 4-7　不同 Co 浸渍量修饰的 LSCrM 阳极的微观形貌

(a) 0 mg · cm^{-2};(b) 0.56 mg · cm^{-2}; (c) 1.66 mg · cm^{-2};
(d) 2.22 mg · cm^{-2}; (e) 3.88 mg · cm^{-2}

修饰前(0 mg · cm^{-2})的 LSCrM 阳极,如图 4-7 (a)所示,颗粒粒径范围为 0.5~1.0 μm,LSCrM 颗粒之间接触良好,形成了烧结较好的 LSCrM 多孔阳极;当浸渍引入少量(0.56 mg · cm^{-2})的 Co 催化剂时,如图 4-7 (b)所示,可观测到粒径为 100 nm 的催化剂零散地分布在 LSCrM 的表面上;当浸渍量提高到 1.66 mg · cm^{-2} 后,如图 4-7 (c)所示,LSCrM 颗粒被单层 Co 催化剂纳米颗粒包覆,此时既能保证气体通过单层 Co 颗粒之间的孔隙到达 LSCrM 表面,又能为阳极提供电子导电通路,因此电池的电化学性能最优;然而,当浸渍量进一步增加时,如图4-7(d)和图4-7(e)所示,被Co催化剂包覆的LSCrM电极颗粒尺寸明显变大,此时已经很难看到LSCrM的阳极骨架以及颗粒表面,虽然大量覆盖于LSCrM骨架表面的Co金属层可形成良好的电子导电通道,但气孔率显著下降会极大地抑制气体运输过程,从而严重降低电池的电化学性能。

4.3.3 不同Co浸渍量对电池性能影响的机理分析

为了解释不同Co浸渍量对电极微结构及电池性能的影响,本节拟利用图4-8所示的阳极微结构模型进行分析。这个模型描述了Co催化剂颗粒在LSCrM阳极表面的附着状况是如何随浸渍量的变化而变化的。

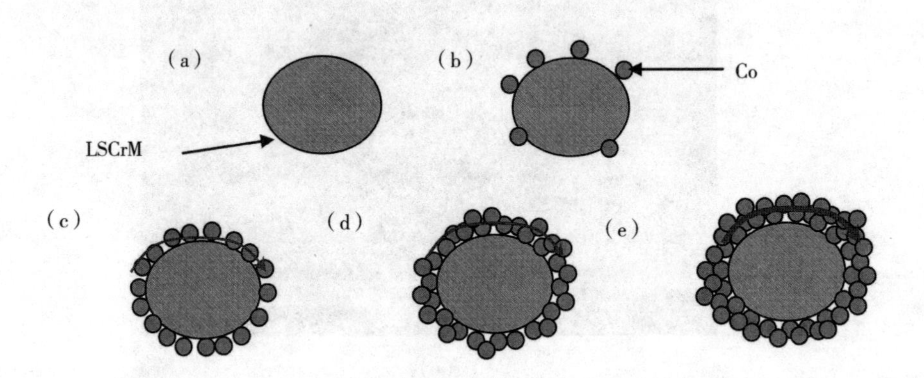

图4-8 不同Co浸渍量修饰的LSCrM阳极的微结构模型图

(a) 0 mg·cm^{-2};(b) 0.56 mg·cm^{-2}; (c) 1.66 mg·cm^{-2};
(d) 2.22 mg·cm^{-2}; (e) 3.88 mg·cm^{-2}

图4-8(a)~(e)分别对应图4-7(a)~(e)。图4-8(a)表示的是外部没有(0 mg·cm^{-2})被Co催化剂颗粒附着的LSCrM颗粒。此时LSCrM同时作为阳极催化剂和电子导体,阳极的催化能力和电子导电性都比较弱。图4-8(b)表示的是少量(0.56 mg·cm^{-2})浸渍时,LSCrM阳极被零星的Co催化剂点缀的情况。此时,LSCrM颗粒大面积裸露,分散附着的Co纳米颗粒只是起到催化剂的作用,并没有形成电子导电通路。图4-8(c)表示浸渍量加大

(1.66 mg · cm^{-2})后 LSCrM 阳极表面被单层 Co 催化剂包围的情形。此时,Co 颗粒之间有足以让气体穿过并到达 LSCrM 表面的孔隙,并且阳极处有更多的 Co 颗粒发挥催化剂的作用。除此之外,Co 颗粒之间的连通也为 LSCrM 阳极提供了电子运输通路,并形成了丰富的 Co-LSCrM-反应气体界面,从而具有最优的电化学性能。在图 4-8 (d) 和(e)中,超量浸渍(2.22 mg · cm^{-2} 和 3.88 mg · cm^{-2})导致过多的 Co 颗粒堆积在 LSCrM 阳极的表面。在还原反应和电池工作过程中,Co 纳米颗粒之间发生烧结,形成了致密的金属 Co 层。尽管此时致密的金属 Co 层会显著提高阳极的电子电导率,但完全覆盖在 LSCrM 骨架的 Co 层将导致 LSCrM 阳极变成嵌有 LSCrM 颗粒的 Co 金属阳极,进而导致阳极的活性 TPB 进一步缩小。除此之外,致密的金属 Co 层会抑制燃料气体向 LSCrM 阳极表面扩散,并阻碍燃料气体向阳极内部运输的通路,因此电池的性能会进一步降低。

4.4　Co 修饰 LSCrM 阳极的耐硫中毒能力研究

浸渍 Co 催化剂能显著提升 LSCrM 阳极的电化学性能,那么在引入 Co 催化剂对 LSCrM 阳极进行修饰后,阳极的耐硫性能如何？当 Ni-LSCrM 复合阳极发生硫中毒后,它是否能通过化学氧化和电化学氧化过程实现再生？这些都是值得进一步研究的问题。本节将对 Co-LSCrM 阳极进行硫毒化测试,并分析了硫毒化机制;同时,以化学氧化和电化学氧化方法对硫中毒的 Ni-LSCrM 复合阳极进行再生,并讨论相关机制。

4.4.1　H_2S 对 Co 修饰 LSCrM 阳极的毒化作用

由 4.3 可知,研究 Co 浸渍量对电极性能的影响需要制备具有较高孔隙率的 LSCrM 多孔阳极,所以在 LSCrM 阳极中加入活性炭造孔剂,但加入活性炭又会降低 LSCrM 的电化学性能。因此,本节在已完成浸渍量优化的基础上,不再专门加入活性炭造孔剂,而是直接利用电极浆料烧结后残留的气孔进行浸渍,并降低 Co 催化剂的浸渍量。本节采用的浸渍量为 1.40 mg · cm^{-2}。

图 4-9 所示为硫毒化及恒流放电过程中,以 Co-LSCrM 为阳极的电池的路

端电压随时间的变化情况。由图 4-9 可知,通入含有体积百分比为 0.005%的 H_2S 杂质的 H_2 后,电池的输出电压迅速衰退,约 20 min 后呈缓慢衰退趋势。这是由于毒化初期 H_2S 会大量吸附在阳极的反应活性点上,导致阳极处的反应活性点迅速减少;随后的输出电压缓慢衰退是由于 H_2S 的裂解产物 S_n 会吸附在阳极表面并与阳极发生缓慢的硫化反应。

如前所述,在毒化后期以纯 LSCrM 作为阳极的电池的输出电压衰退较慢,甚至基本保持不变,但以 Co-LSCrM 为阳极的电池的输出电压却衰退明显,这可能意味着加入 Co 催化剂会降低 LSCrM 复合阳极的耐硫能力。这是因为金属催化剂 Co 比 LSCrM 更容易与 S_n 发生硫化反应。由图 4-9 可知,在 5 h 的毒化测试中,Co-LSCrM 复合阳极的固体氧化物燃料电池的输出电压衰退率约为 8.2%。值得注意的是,与 Ni-YSZ 阳极相比,Co-LSCrM 复合阳极在硫毒化测试中仍表现出较强的耐硫中毒能力。

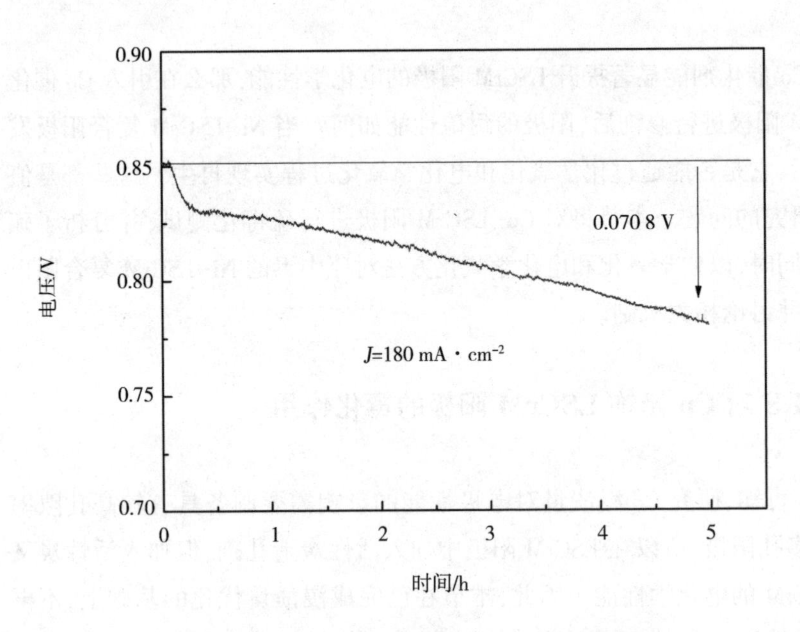

图 4-9 在 850 ℃、含体积百分比为 0.005%的 H_2S 的 H_2 气氛、180 mA · cm^{-2} 的电流密度的条件下恒流放电过程中以 Co-LSCrM 为阳极的电池的输出电压变化情况

图 4-10 是硫中毒前后,以 Co-LSCrM 为阳极的电池的电压和输出功率密度随电流的变化情况。由图可知,毒化前,电池的开路电压接近 1.2 V,最大输出功率密度为 0.210 W · cm^{-2};5 h 硫毒化后,电池的开路电压基本保持不变。这说明 5 h 的毒化测试并没有使阳极失效,也未造成电池漏气,因此毒化后的其他测试数据是真实、可靠的。不过,毒化后电池的最大输出功率密度有所减小,降为 0.185 W · cm^{-2}。

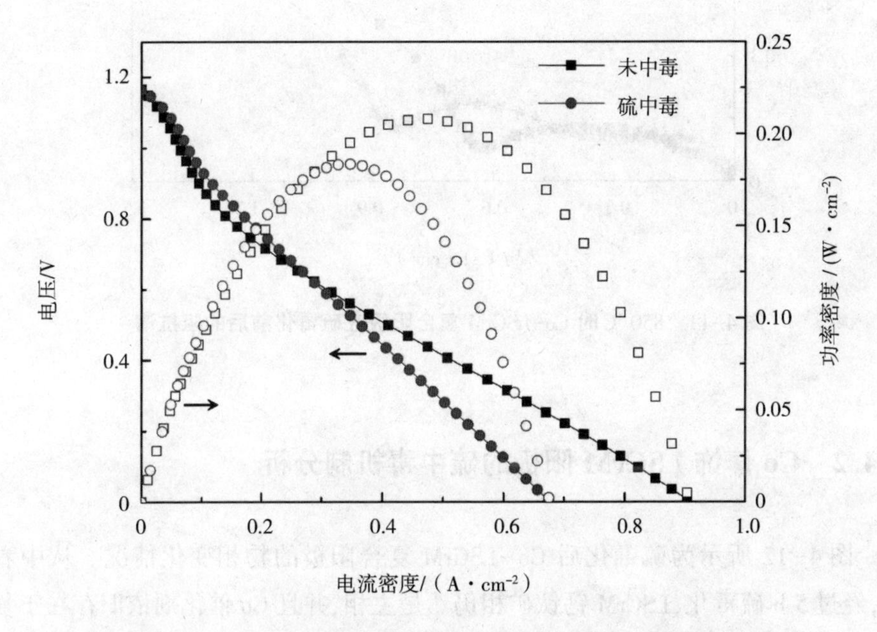

图 4-10　850 ℃时以 Co-LSCrM 为阳极的固体氧化物燃料电池在毒化前后的输出性能

图 4-11 是 Co-LSCrM 复合阳极在开路电压下的阻抗谱,复合阳极阻抗谱中的每个弧在硫毒化后都明显增大。电池的输出电压、最大输出功率密度以及复合阳极的阻抗谱结果都说明了一个问题,即 Co-LSCrM 复合阳极也可以被体积百分比为 0.005%的 H_2S 毒化。

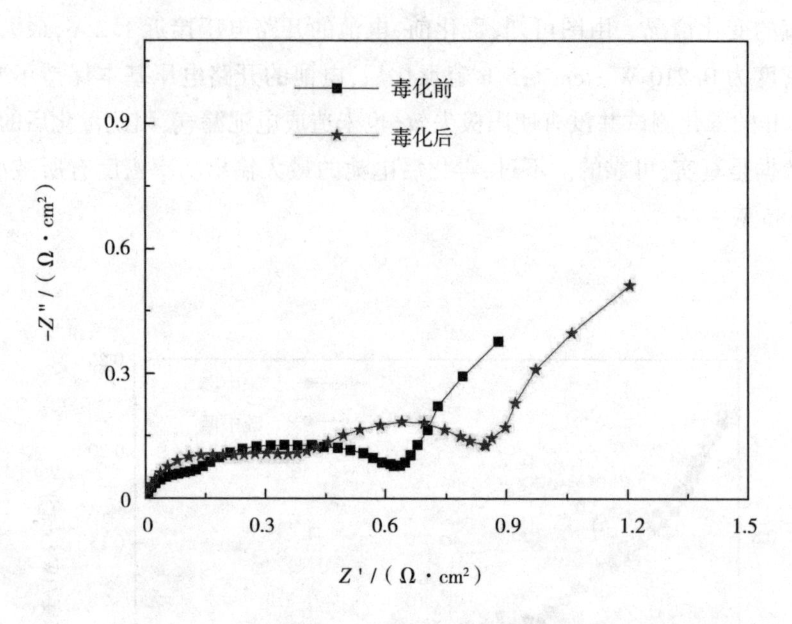

图 4-11　850 ℃时 Co-LSCrM 复合阳极在硫毒化前后的阻抗谱

4.4.2　Co 修饰 LSCrM 阳极的硫中毒机制分析

图 4-12 所示为硫毒化后 Co-LSCrM 复合阳极的物相变化情况。从中看出,经过 5 h 硫毒化,LSCrM 钙钛矿相仍然是主相,并且 Co 催化剂依旧存在于复合阳极中。由于 Co 催化剂的浸渍量较少,并且可能与 S 发生了反应,因此其衍射峰强度较弱。从杂相放大图中可以看出,复合阳极中除 LSCrM 和 Co 的物相之外,还有一些杂相,这表明在体积百分比为 0.005%的 H_2S 中暴露 5 h 后,Co 催化剂被部分毒化并生成了 Co_4S_3。与纯 LSCrM 阳极硫中毒后的产物相比,此复合阳极中的硫毒化产物种类明显减少。值得注意的是,虽然存在生成 MnS 的可能性,但在此并没有发现明显的 MnS 物相,这可能是由于 Co-LSCrM 阳极在毒化过程中生成的 MnS 杂相量较少。因此复合阳极中金属 Co 的存在降低了 LSCrM 阳极的硫毒化程度。硫毒化后,电池输出电压衰退、电池最大输出功率密度降低以及复合阳极阻抗增大主要归因于催化剂 Co 的毒化。具体而言,复

合阳极中生成 Co_4S_3 不仅会降低催化剂的电导率，还会降低催化剂对燃料电化学反应的催化能力。同时 LSCrM 表面生成的其他硫毒化产物也会降低 LSCrM 基底的电导率，并减少燃料与 LSCrM 阳极的接触机会，从而影响燃料的吸附、解离、迁移以及后续的反应。这些变化会共同影响阳极处电子与离子的传导，进而影响阳极处各种反应过程的进行。因此，Co-LSCrM 复合阳极在毒化后的阻抗增大，电池的最大输出功率密度相应降低。

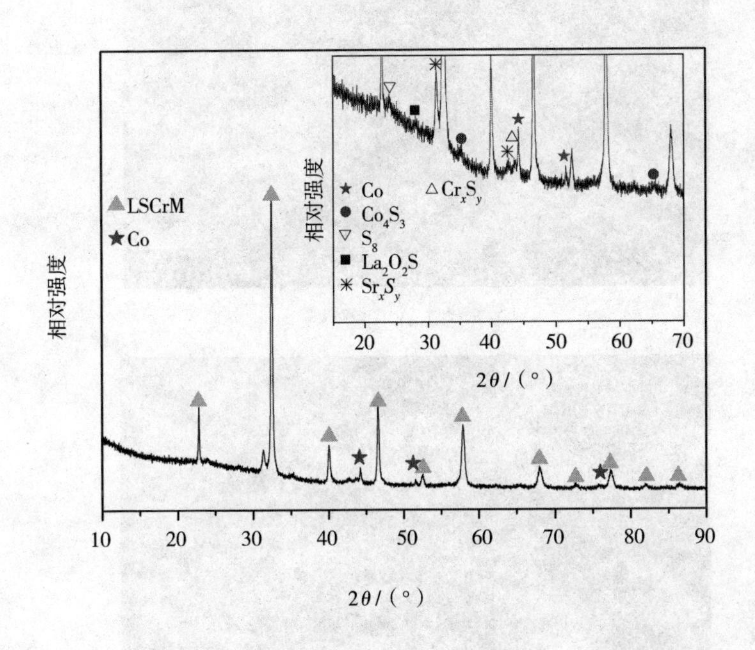

图 4-12　硫毒化后 Co-LSCrM 复合阳极的 XRD 图

图 4-13 所示为硫中毒前后 Co-LSCrM 复合阳极的微观形貌。由图 4-13(a) 可看出，直径为 100 nm 的小颗粒均匀地分布在直径约为 1 μm 的大颗粒表面上，暴露在外的大颗粒表面非常光滑，并且颗粒之间连接良好。为了明确大小颗粒的归属，本书对大小颗粒的元素组成进行了表征。Co-LSCrM 复合阳极处大颗粒和小颗粒的元素种类、质量百分比以及原子百分比如表 4-3 和表 4-4 所示。由表 4-3 可看出，Co-LSCrM 复合阳极处的大颗粒成分为 La、Sr、Cr、Mn 和 O，其元素比例接近 $La_{0.75}Sr_{0.25}Cr_{0.5}Mn_{0.5}O_3$，多余的 O 元素可能来源于样品表

面吸附的 O_2 和 CO_2。因此,可以合理推测复合阳极处的大颗粒为 LSCrM。由表 4-4 可知,小颗粒成分为 Co、La、Sr、Cr、Mn 和 O,其中 Co 元素所占比例最高。由此推测,复合阳极处的小颗粒可能为 Co_3O_4。

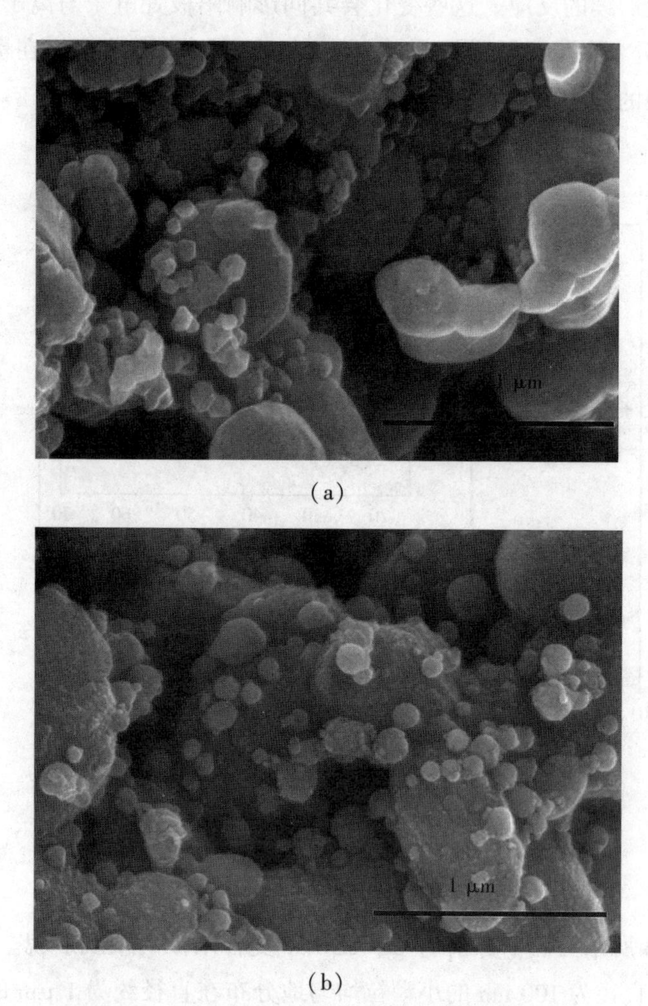

(a)

(b)

图 4-13　毒化前后 Co-LSCrM 阳极的微观形貌

(a)毒化前;(b) 毒化后

表 4-3　Co-LSCrM 复合阳极中微米颗粒的元素组成

元素	质量百分比/%	原子百分比/%
O	33.75	75.14
Cr	8.22	5.63
Mn	8.24	5.34
Sr	7.49	3.04
La	42.30	10.85

表 4-4　Co-LSCrM 复合阳极中纳米颗粒的元素组成

元素	质量百分比/%	原子百分比/%
O	29.35	67.19
Cr	7.47	5.26
Mn	6.32	4.21
Co	20.90	12.99
Sr	5.60	2.34
La	30.36	8.01

由图 4-13 (b)可知，硫毒化之后，催化剂的颗粒尺寸明显增大。这可能是由于硫毒化过程中形成的 Co_4S_3 等产物在催化剂表面聚集，从而导致了颗粒尺寸的增大。除此之外，Co-LSCrM 复合阳极表面有一些硫毒化产物颗粒生成，其颗粒尺寸约为 20 nm，这些颗粒物质可能包括吸附硫以及金属硫化物。与第 2 章硫中毒后 LSCrM 阳极表面生成的硫毒化颗粒相比，Co-LSCrM 复合阳极表面生成的硫毒化颗粒的分布密度明显降低。由微观形貌也可看出，在催化剂 Co 存在的情况下，Co-LSCrM 复合阳极的硫中毒程度似乎受到了抑制，表现为硫毒化产物在阳极表面的分布密度降低。

4.5 Co 修饰 LSCrM 阳极硫中毒后的再生研究

4.5.1 LSCrM 复合阳极的化学氧化再生研究

针对 Co-LSCrM 复合阳极的硫中毒问题,本节首先采用化学氧化的方法对复合阳极进行再生。本节的再生时间与再生气氛与第 2 章相同,再生时间为 15 min,O_2 流量为 10 $m^3 \cdot min^{-1}$,再生过程中电池保持开路状态。

图 4-14 是硫毒化前后以及化学氧化后电池的电化学性能。由图可知,硫毒化明显降低了电池的最大输出功率密度,但在化学氧化再生后,电池的最大输出功率密度显著升高,基本恢复到毒化前的水平。图 4-15 为硫毒化前后以及化学氧化后 Co-LSCrM 复合阳极的开路阻抗谱。由图可知,硫中毒后 Co-LSCrM 复合阳极阻抗谱中的每个弧都明显增大,而化学氧化后 Co-LSCrM 复合阳极的阻抗谱呈明显减小的趋势,与毒化前的阻抗谱几乎重合。以上电池的输出性能与复合阳极的阻抗谱均说明,化学氧化可以使 Co-LSCrM 复合阳极实现再生,但是再生后的电化学性能并未超过硫毒化前。

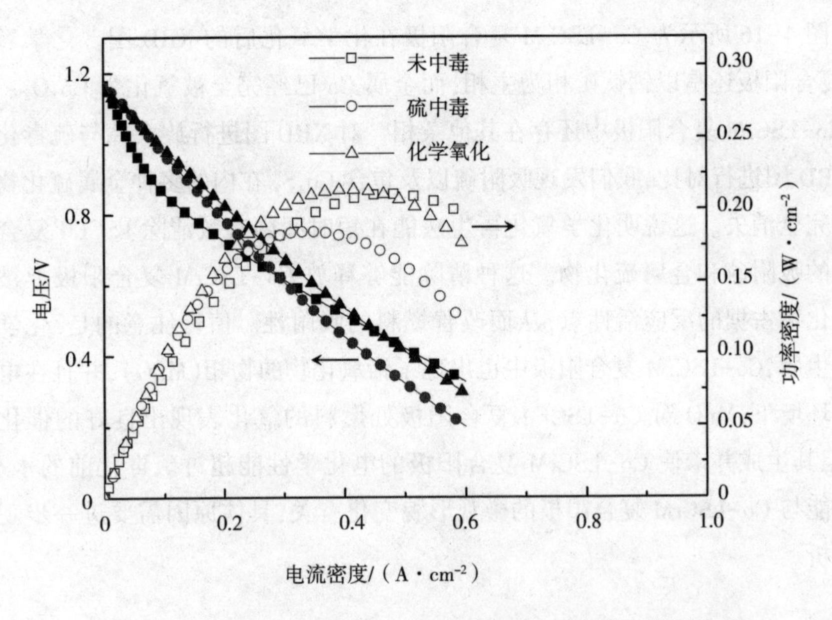

图 4-14　850 ℃时以 Co-LSCrM 为阳极的固体氧化物燃料电池在硫毒化前后以及化学氧化后的输出性能

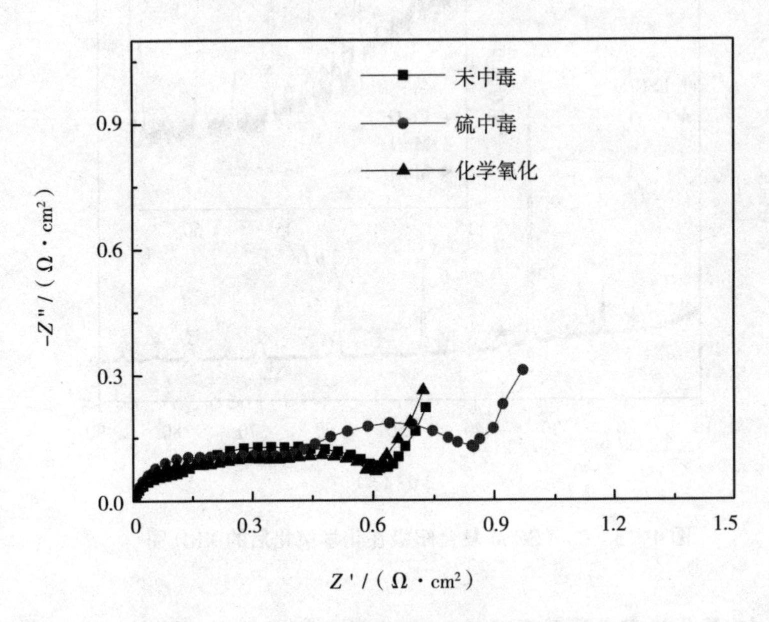

图 4-15　850 ℃时 Co-LSCrM 复合阳极在硫毒化前后以及化学氧化后的阻抗谱

图 4-16 所示为 Co-LSCrM 复合阳极在化学氧化后的 XRD 图。化学氧化后，复合阳极还是以钙钛矿相为主相，而金属 Co 已经完全被氧化为 Co_3O_4。此外，Co-LSCrM 复合阳极中还存在其他杂相。对 XRD 图进行放大并与硫毒化后的 XRD 图进行对比，我们发现吸附硫以及包含 Co_4S_3 在内的多种金属硫化物的峰位完全消失。这说明化学氧化再生法能在短时间内有效清除 LSCrM 复合阳极上的吸附硫和金属硫化物。这种清除能够释放 Co-LSCrM 复合阳极上被硫和硫化物占据的反应活性点，从而改善燃料的吸附性。值得注意的是，化学氧化再生后，Co-LSCrM 复合阳极中也出现了锰氧化物的物相(MnO)，并且在电池工作环境下，MnO 对 Co-LSCrM 复合阳极处燃料的氧化表现出良好的催化能力，但其生成并未使 Co-LSCrM 复合阳极的电化学性能超过硫毒化前的水平。这可能与 Co-LSCrM 复合阳极的微观形貌变化有关，具体原因需要进一步观测和分析。

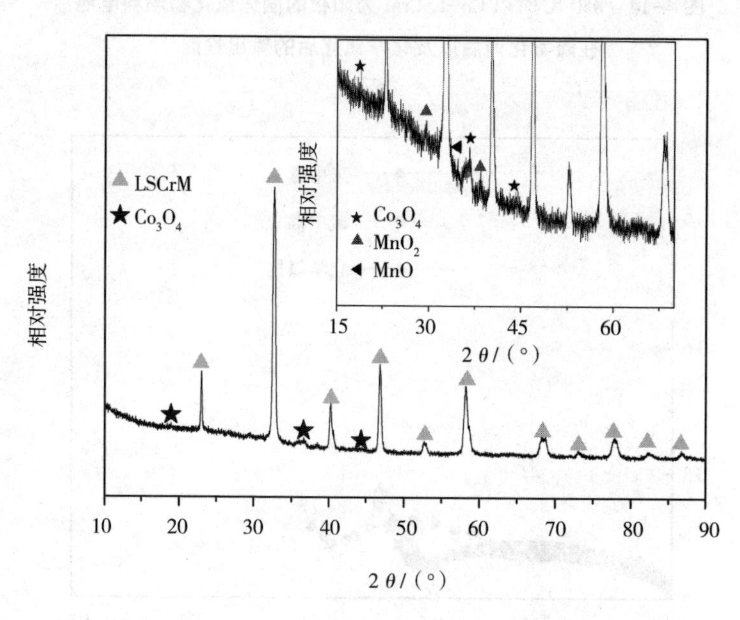

图 4-16　Co-LSCrM 复合阳极在化学氧化后的 XRD 图

图 4-17 是化学氧化再生后 Co-LSCrM 复合阳极的微观形貌。化学氧化再生后，Co-LSCrM 复合阳极的颗粒尺寸没有增大，但其表面粗糙度降低，且仍存

在一些粒径为 50 nm 的锰氧化物(MnO)颗粒。这些锰氧化物颗粒生成量相对较少的可能原因是催化剂 Co 的存在降低了 LSCrM 复合阳极的硫毒化程度,从而使 MnS 的生成量减少,进而导致化学氧化后锰氧化物的生成量也相应减少。化学氧化后,催化剂 Co 的颗粒尺寸为 250~350 nm,而毒化前催化剂 Co 的颗粒尺寸仅为 100 nm。由此可见,经过硫毒化和化学氧化再生后,催化剂 Co 的颗粒尺寸明显增大。除此之外,复合阳极表面催化剂 Co 颗粒的分布密度也明显下降。这可能是由于硫毒化-化学氧化再生的过程中,催化剂 Co 聚集并长大以致颗粒数量减少。

图 4-17　化学氧化再生后 Co-LSCrM 复合阳极的微观形貌

硫毒化-化学氧化再生后,催化剂颗粒尺寸增大对其催化能力的发挥是不利的。因为颗粒尺寸增大会导致催化剂的比表面积降低,进而影响燃料在阳极表面的吸附和解离。与纯 LSCrM 阳极相比,Co-LSCrM 复合阳极在氧化再生后生成的锰氧化物颗粒较少,这些锰氧化物所带来的性能提升并不足以弥补催化剂 Co 颗粒尺寸增大对复合阳极电化学性能的负面影响。因此,化学氧化再生后复合阳极的电化学性能并不能反超硫毒化之前的水平。

4.5.2　LSCrM 复合阳极的电化学氧化再生研究

通过化学氧化法可以使硫中毒后的 Co-LSCrM 复合阳极实现再生,那么电化学氧化再生法是否同样适用于 Co-LSCrM 复合阳极的再生呢？本节将针对这个问题展开研究。

本节采用与之前相同的 H_2S 浓度（体积百分比为0.005%）、毒化时间（5 h）对 Co-LSCrM 复合阳极进行毒化处理。毒化后，在 Ar 气氛中以 120 mA · cm^{-2} 的电流密度对复合阳极进行电化学氧化再生处理。

图 4-18 是在 850 ℃下、以 120 mA · cm^{-2} 电流密度进行电化学氧化再生过程中电池路端电压的变化情况。在前期，阳极处于 H_2 气氛中，电池持续向外电路输出电流，此时的正向电压值表示外电路负载上的电压降。当阳极气室中充满 Ar 时，电化学工作站作为电源向负载电池输送电流，此时测试得到的路端电压值为整个电池上的电压降，由于电池方向反转，电压符号为负。当结束电化学氧化再次通入 H_2 时，电池的路端电压在经历了一段很短暂的向正方向的增长后，又迅速变为负值。这可能意味着经过电化学氧化后，即使通入燃料也不足以使电池向外电路负载提供电流密度为 120 mA · cm^{-2} 的放电电流。此时，电化学工作站仍然作为电源，而电池则作为负载。

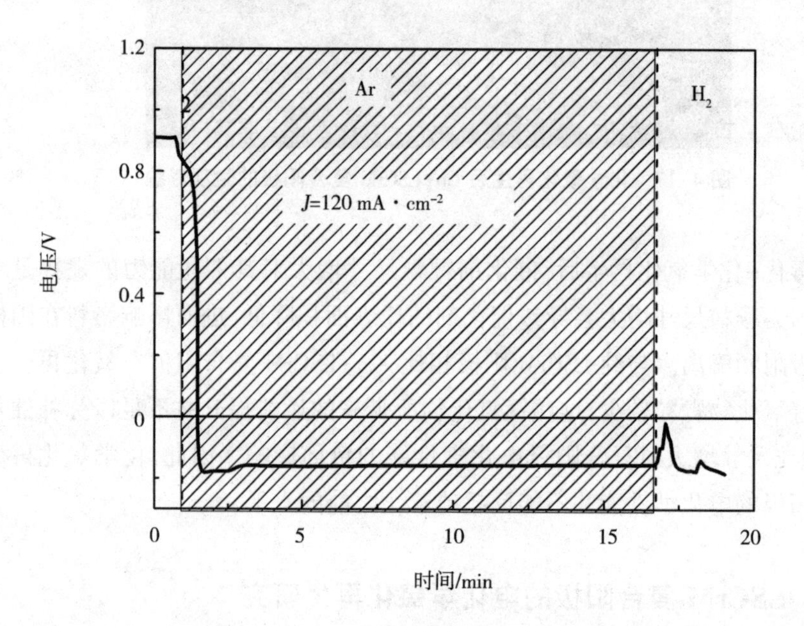

图 4-18　在 850 ℃、120 mA · cm^{-2} 电流密度条件下进行电化学氧化再生过程中电池路端电压的变化情况

图 4-19 是硫毒化前后以及电化学氧化后电池的输出性能变化情况。经过 15 min 的电化学氧化后，开路电压仍大于 1.1 V。此时，电池的电解质保持致密且无漏气现象，但是此时电池的电化学性能极差，最大输出功率密度降低至 0.025 6 W · cm^{-2}。

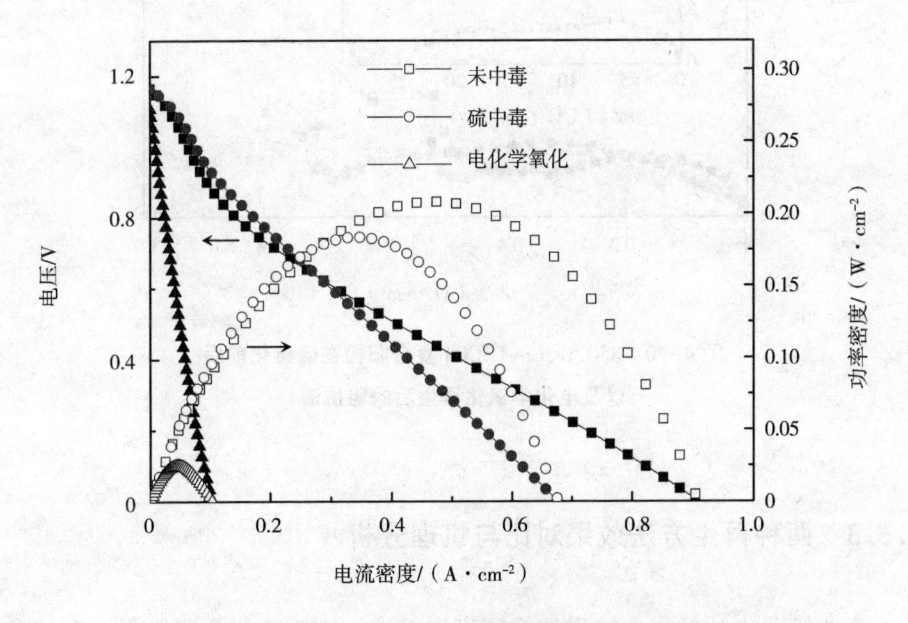

图 4-19　850 ℃、以 Co-LSCrM 为阳极的电池在硫毒化前后以及电化学氧化再生后的输出性能

图 4-20 是硫毒化前后以及电化学氧化后，Co-LSCrM 复合阳极的阻抗谱。由图可知，电化学氧化后，该阳极的阻抗并没有减小，与硫毒化前的阻抗值相比，此时的阻抗反而增加了。电池的输出性能下降以及 Co-LSCrM 复合阳极的阻抗上升都表明电化学氧化过程不能有效提升电池以及 Co-LSCrM 复合阳极的电化学性能。因此，电化学氧化方法不适用于 Co-LSCrM 复合阳极的再生。

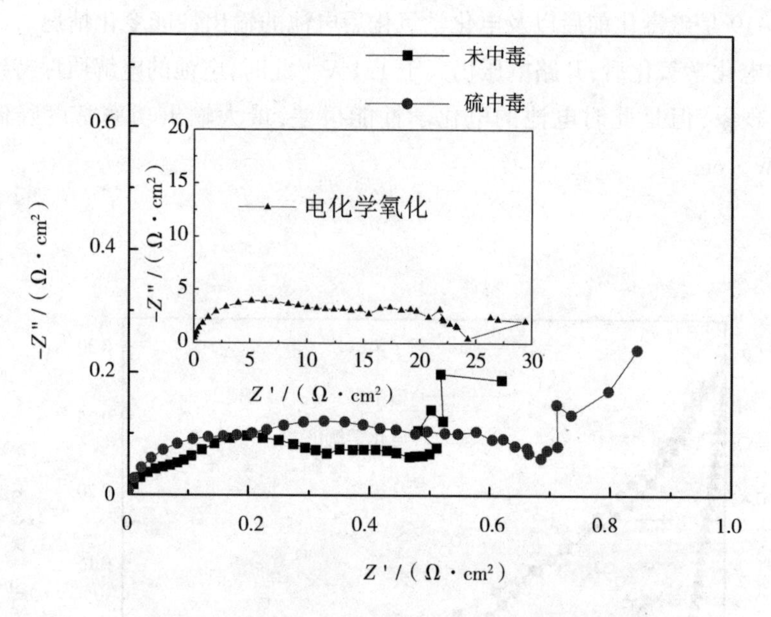

图 4-20 850 ℃、Co-LSCrM 复合阳极在硫毒化前后以及电化学氧化再生后的阻抗谱

4.5.3 两种再生方法效果对比与机理分析

表 4-5 是电池的最大输出功率密度以及 Co-LSCrM 复合阳极阻抗在硫毒化前后、化学氧化后以及电化学氧化后的对比结果。从表中数据可以看出,硫毒化会造成电池输出功率密度降低以及 Co-LSCrM 复合阳极阻抗增大。化学氧化可以使电池以及 Co-LSCrM 复合阳极的电化学性能恢复到毒化前的水平,但不能使之超过硫毒化前的水平。电化学氧化过程不但没能使电池的电化学性能得到恢复,反而导致其性能进一步衰退。针对这一现象,本节将通过对比两种再生过程后的 Co-LSCrM 复合阳极的微观形貌进行解释。

表 4-5　电池的最大输出功率密度以及 Co-LSCrM 复合阳极阻抗在硫毒化前后、化学氧化后以及电化学氧化后的变化

电池	最大功率密度/（$mW \cdot cm^{-2}$）	阳极极化电阻/（$\Omega \cdot cm^2$）
毒化前	214	0.86
毒化后	185	1.15
化学氧化后	215	0.85
电化学氧化后	27	25.00

由图 4-13（a）可知，硫毒化前 Co-LSCrM 复合阳极处的小颗粒是 Co_3O_4，LSCrM 表面光滑；由图 4-13（b）可知，硫毒化后，Co-LSCrM 复合阳极处的 Co_3O_4 被部分毒化并生成 Co_4S_3。同时，由于生成吸附硫以及金属硫化物，LSCrM 表面变得粗糙。由图 4-17 可知，化学氧化后，LSCrM 颗粒表面的粗糙度明显降低，呈现光滑颗粒上附着少量锰氧化物纳米颗粒的特征。这是因为人为提供大量 O_2 可以使 Co-LSCrM 复合阳极表面以及催化剂表面的硫中毒产物迅速氧化，并实现原位清除，Co_4S_3 被氧化并生成 Co_3O_4。此时，催化剂颗粒明显增大，阳极处主要发生化学反应。

图 4-21 是电化学氧化再生后 Co-LSCrM 复合阳极的微观形貌。由图可知，电化学氧化后，LSCrM 颗粒的表面粗糙度也明显降低，这说明电化学氧化方法也很有效地清除了吸附硫和金属硫化物，并伴有少量生成的锰氧化物小颗粒附着在 LSCrM 表面。与图 4-17 所示的化学氧化后的催化剂 Co 的形貌相比，电化学氧化后的催化剂的颗粒结构更疏松，并且更多催化剂 Co 颗粒迁移至自由能较低的 LSCrM 晶界处并聚集。这种催化剂在晶界处生长可能会阻碍 LSCrM 阳极性能的发挥，甚至使 LSCrM 丧失阳极功能，从而对 Co-LSCrM 复合阳极的电化学性能造成不可逆的破坏。

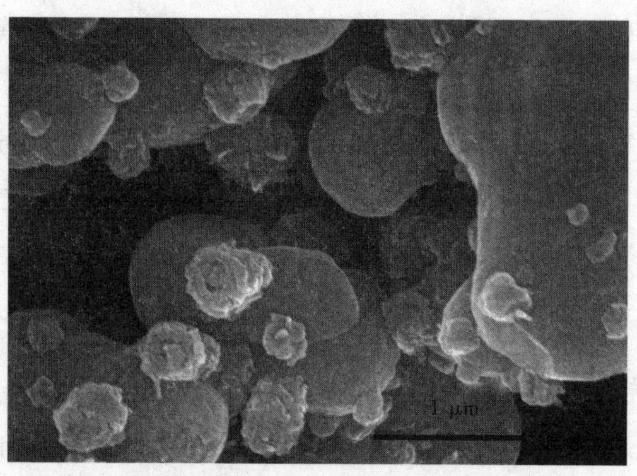

图 4-21 电化学氧化后 Co-LSCrM 复合阳极的微观形貌

Co-LSCrM 复合阳极的电化学氧化再生反应并非单纯的化学反应或者电化学反应，而是两者共存的复杂复合反应。值得注意的是，电化学氧化过程是通过向 Co-LSCrM 复合阳极区施加一定的电流密度的电流来电化学泵氧的。由于这种方式提供的氧量有限，且电极附近的氧分压较低，硫毒化产物以较缓慢的速度被氧化。这很可能会导致硫化物氧化不完全，造成电化学氧化后的催化剂颗粒并不完全是 Co_3O_4，还可能包含 Co_3O_4、Co_4S_3 以及 Co-O-S 体系化合物的混合物。多种化合物共存可能是催化剂结构疏松的原因之一。

硫毒化后的 Co-LSCrM 复合阳极表面被吸附硫以及金属硫化物覆盖，导致 O_2 主要通过 LSCrM 的晶界区逸出。该区域内，催化剂 Co 的毒化产物优先发生氧化形核，其后更多的 Co 毒化产物通过表面迁移至 LSCrM 晶界区并发生氧化。除此之外，LSCrM 晶界处较低的自由能也会促使催化剂颗粒迁移。这些氧化产物在 LSCrM 颗粒交界区的出现可能会影响颗粒之间的电子传导性能，从而妨碍 LSCrM 阳极的性能发挥，严重时甚至会使大量 LSCrM 颗粒丧失阳极功能，进而导致电化学氧化后电池以及 Co-LSCrM 复合阳极的电化学性能极差。

由以上分析可知，化学氧化和电化学氧化方法虽然都可以清除硫毒化产物并产生锰氧化物颗粒，但这两种再生方法存在显著差异。首先，氧化方式不同，化学氧化比较剧烈，而电化学氧化则相对温和。其次，氧化后催化剂的形态不同，化学氧化主要生成致密 Co_3O_4 颗粒，而电化学氧化生成的颗粒则可能包含 Co_3O_4、Co_4S_3 和 Co-O-S 体系化合物的混合物。再次，氧化后催化剂的位置不同,化学氧化后 Co_3O_4 原位生成,而电化学氧化后催化剂则可能迁移至 LSCrM 晶界处。最后,氧化结果不同,化学氧化可以实现硫中毒复合阳极的再生,而电化学氧化则可能无法实现再生。

4.6　本章小结

本章采用浸渍法向 LSCrM 多孔阳极中引入催化剂 Co。首先,研究了 Co 的浸渍量对 LSCrM 阳极电化学性能的影响。其次,对 Co-LSCrM 复合阳极的耐硫性能进行了表征。紧接着,采用化学氧化和电化学氧化方法对硫中毒的 Co-LSCrM 复合阳极进行了再生,并分析其再生机制。最终结果表明:

(1)引入适量的催化剂 Co 可在 LSCrM 阳极颗粒表面形成较疏松的单层覆盖,令 Co 既能发挥催化剂的作用又能为 LSCrM 提供电子通路。这加快了燃料的氧化反应,显著提高了 LSCrM 阳极的电化学性能。然而,引入过多 Co 金属催化剂则会在 LSCrM 阳极颗粒表面形成多层包覆,阻塞气体传输通道,造成电极性能衰退。

(2)Co-LSCrM 复合阳极在 H_2S 体积百分比为 0.005% 的气氛中会发生硫中毒,其中催化剂 Co 的硫中毒是导致复合阳极性能衰退的主要原因。

(3)化学氧化法能够使硫中毒的 Co-LSCrM 复合阳极实现再生,再生后的阳极的电化学性能可恢复至毒化前的水平。但值得注意的是,催化剂 Co 的颗粒尺寸在再生过程中增加显著,这极大地影响了催化剂性能的发挥。尽管再生过程中生成少量锰氧化物纳米颗粒为电极性能带来了一定提升,但这并不能弥补增大催化剂颗粒尺寸对电极性能造成的负面影响。

(4)电化学氧化法不但未能使硫中毒 Co-LSCrM 复合阳极实现再生,反而造成了其性能严重衰退。电化学氧化产物中包括结构疏松的含 Co 化合物,这些化合物占据着 LSCrM 颗粒交界区域,可能会影响 LSCrM 阳极颗粒间的连通性,进而影响 LSCrM 阳极功能发挥。

第5章　Ni修饰LSCrM阳极的硫中毒机制及再生研究

5.1　引言

第 4 章对金属 Co 催化剂修饰的 LSCrM 复合阳极的耐硫能力及硫中毒后的再生性能进行了研究,结果显示引入催化剂 Co 可极大地提高 LSCrM 的电化学性能。此外,该复合阳极在硫中毒后通过化学氧化的方法能够有效恢复性能,但是电化学氧化方法并不能使该复合阳极在硫中毒后得到再生。那么,其他金属催化剂修饰的 LSCrM 复合阳极是否也仅能通过化学氧化的方法实现再生,而无法通过电化学氧化实现再生呢? 针对这个问题,本章研究了催化剂金属 Ni 修饰的 LSCrM 复合阳极的耐硫能力,并在硫中毒后采用化学和电化学方法两种方法进行再生。

此前,笔者所在的课题组已对 Ni 修饰的 LSCrM 阳极的电化学性能进行了系统研究,并证明了通过浸渍法引入纳米 Ni 催化剂能够显著提升 LSCrM 阳极的电化学性能。但是,这些研究主要聚焦于该复合阳极在不同类型电池(如双气室固体氧化物燃料电池、单气室固体氧化物燃料电池和直接火焰固体氧化物燃料电池等)中的应用,以及电池在使用不同燃料时的性能表现,并未涉及复合阳极的耐硫能力、硫中毒机制以及硫中毒后的再生问题。因此,本章将重点研究催化剂 Ni 修饰的 LSCrM 阳极的耐硫中毒能力,并结合硫中毒后的阳极物相和微观形貌分析硫中毒的原因。针对复合阳极的硫中毒现象,分别采用化学氧化和电化学氧化两种再生方法进行处理,并深入讨论相关实验现象和机制。

5.2　Ni 修饰 LSCrM 阳极的耐硫中毒能力研究

本章制备催化剂 Ni 修饰的 LSCrM 复合阳极的方法与第 4 章相同,即以硝酸盐溶液浸渍法将催化剂 Ni 引入 LSCrM 多孔阳极中,且催化剂 Ni 的浸渍量与第 4 章的催化剂 Co 的浸渍量保持一致。经过多次浸渍和 400 ℃烘干后,将制备得到的 Ni 修饰的 LSCrM(Ni-LSCrM)复合阳极与电解质材料(YSZ)和阴极材料(LSM)共同构成的 Ni-LSCrM/YSZ/LSM 电池置于 900 ℃中焙烧 1 h。

5.2.1 H_2S 对 Ni 修饰 LSCrM 阳极的毒化作用

图 5-1 所示为进行恒流放电毒化实验过程中全电池的路端电压随时间的变化情况。由图可以看出,通入含有体积百分比为 0.005%的 H_2S 杂质的 H_2 后,电池的输出电压持续衰退,5 h 毒化后的总衰退率为 15%。由第 2 章可知,相同条件下,催化剂 Co 修饰的 LSCrM 复合阳极以及纯 LSCrM 阳极的电压衰退率分别为 8% 和 3%。此结果表明,Ni 是一种极易被硫毒化的金属;同时,引入它还加剧了 Ni-LSCrM 复合阳极的电压衰退,降低了 LSCrM 复合阳极的耐硫能力。但与 Ni-YSZ 阳极在相似条件下观察到的瞬间即有 20% 的衰退率相比,Ni-LSCrM 复合阳极的电压衰退更为缓慢。因此,可以认为 Ni-LSCrM 复合阳极的耐硫能力仍优于 Ni-YSZ 阳极。

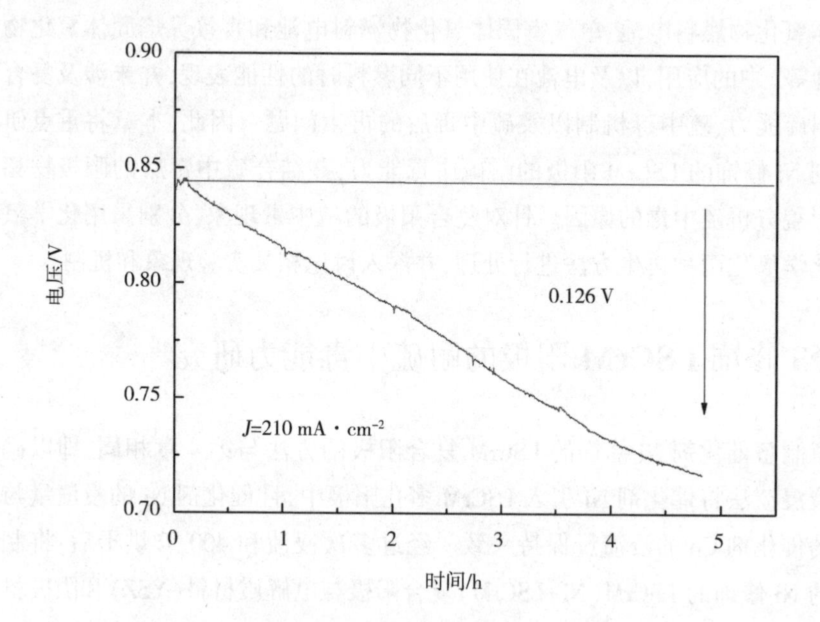

图 5-1 在 850 ℃、H_2S 体积百分比 0.005%的气氛、210 mA · cm^{-2} 电流密度条件下恒流放电过程中以 Ni-LSCrM 为阳极的电池的输出电压变化情况

图 5-2 是硫毒化前后、电池放电过程中，电压和输出功率密度随电流的变化情况。毒化前，电池的开路电压为 1. 2 V，最大输出功率密度为 0. 255 W · cm^{-2}。经过 5 h 的硫毒化测试后，电池的开路电压保持不变，依然为 1. 2 V，这说明 5 h 的毒化测试并没有使阳极失效或电池漏气，因此毒化后的其他测试数据依然真实可靠。然而，毒化后电池的最大输出功率密度明显下降，降为 0. 160 W · cm^{-2}。

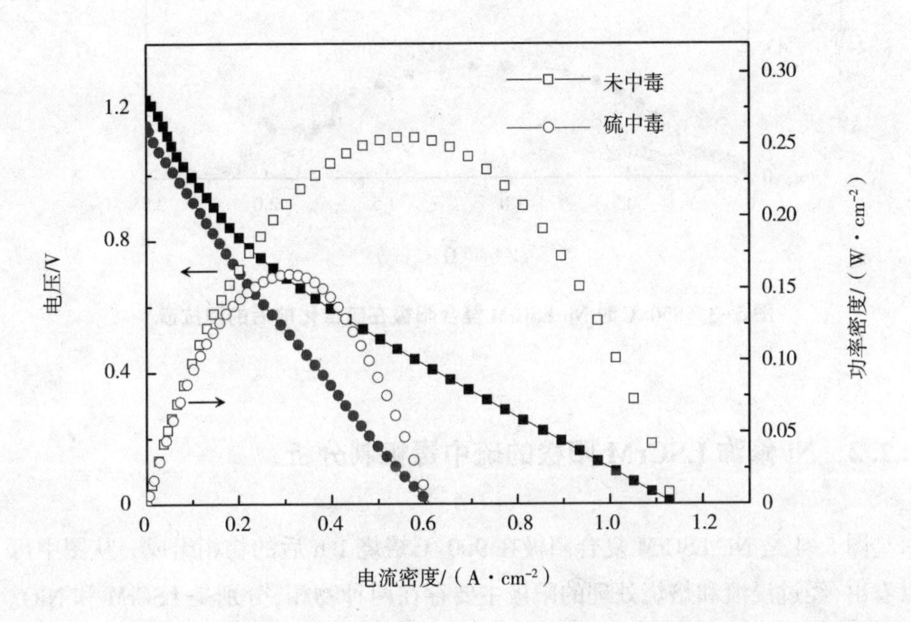

图 5-2　850 ℃时以 Ni-LSCrM 为阳极的固体氧化物燃料电池在硫毒化前后的输出性能

图 5-3 所示为硫毒化前后 Ni-LSCrM 复合阳极在开路电压下的阻抗谱。经过 5 h 的硫毒化，复合阳极阻抗谱中，每个弧都显著增大，中频弧的增大情况尤其明显。这些结果，包括电池在毒化过程中的输出电压降低、毒化后的最大功率密度下降以及阳极阻抗谱的变化，都说明 Ni-LSCrM 复合阳极可以被体积百分比为 0. 005%的 H_2S 毒化。

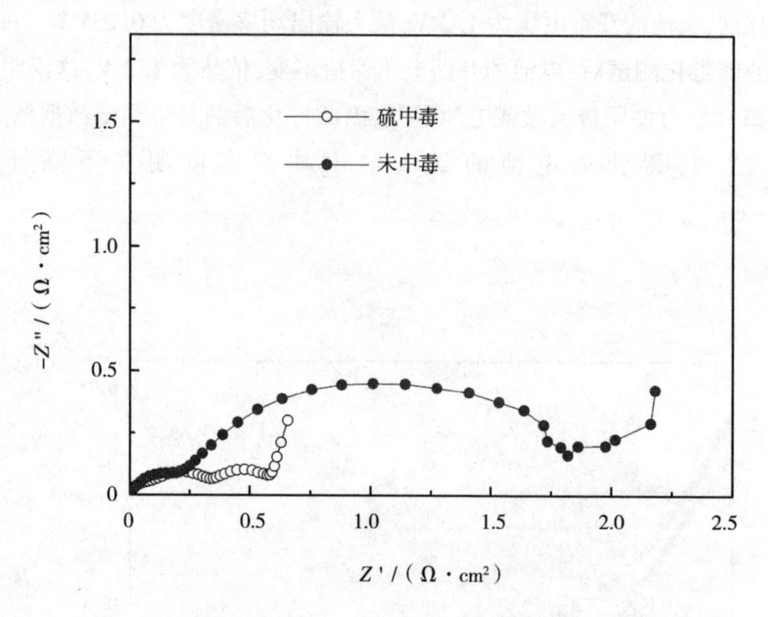

图 5-3　850 ℃时 Ni-LSCrM 复合阳极在硫毒化前后的阻抗谱

5.2.2　Ni 修饰 LSCrM 阳极的硫中毒机制分析

图 5-4 是 Ni-LSCrM 复合阳极在 900 ℃焙烧 1 h 后的物相组成。从图中可以看出,经过浸渍和焙烧处理的阳极主要存在两种物相,分别是 LSCrM 和 NiO。这说明硝酸镍溶液在空气气氛中加热可能分解并转化为 NiO。

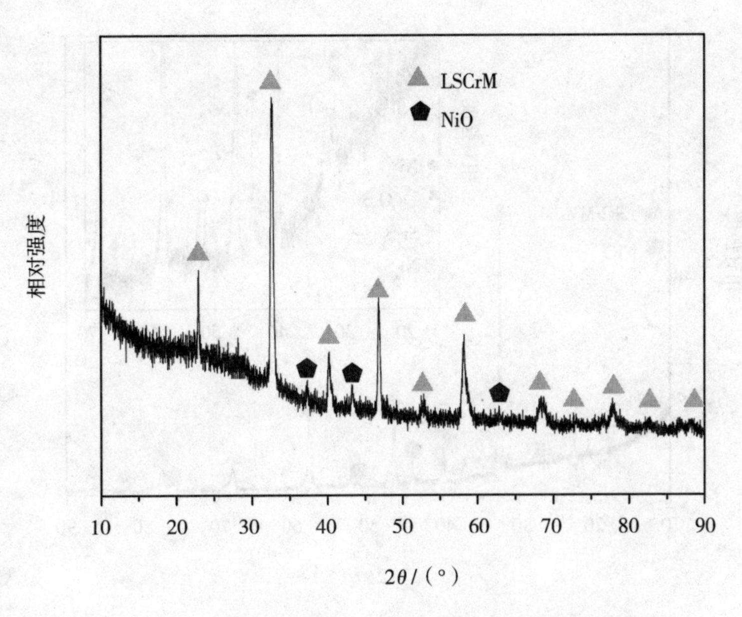

图 5-4　Ni-LSCrM 阳极在 900 ℃煅烧 1 h 的 XRD 图

图 5-5 是硫毒化后 Ni-LSCrM 复合阳极的物相组成。由图可知，LSCrM 钙钛矿相仍然是主相，在燃料气氛中 NiO 被还原为金属 Ni。这说明在固体氧化物燃料电池运行时，催化剂以金属 Ni 的形式存在于 LSCrM 复合阳极中。然而，硫毒化后复合阳极中出现了杂相。放大图显示，催化剂 Ni 被部分毒化并生成了硫镍化合物。与纯 LSCrM 阳极的硫中毒产物相比，此复合阳极中生成的硫毒化产物种类明显减少。在 XRD 图中并没有发现明显的 MnS 以及吸附硫物相。这可能是因为金属 Ni 更容易与吸附硫发生硫化反应，从而导致复合阳极处的吸附硫、MnS 以及其他硫化物杂相的生成量较少。由此可见，虽然复合阳极中存在金属 Ni 降低了 LSCrM 阳极发生硫毒化的可能性，但催化剂 Ni 的毒化仍然会导致电池输出电压衰退、最大功率密度降低以及复合阳极阻抗增大。

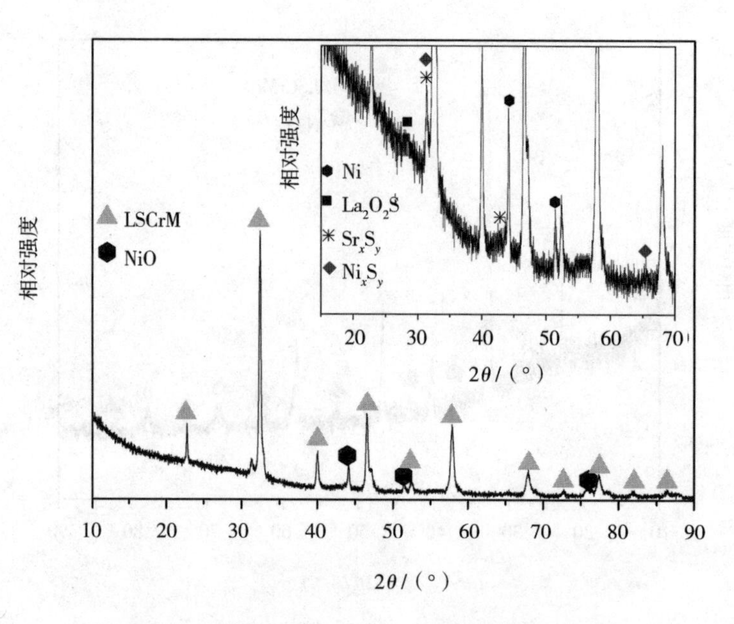

图 5-5　硫毒化后 Ni-LSCrM 复合阳极的 XRD 图

LSCrM 复合阳极中镍硫化合物的生成不仅会降低金属催化剂的电导率,还会降低催化剂对燃料氧化的催化活性。同时,LSCrM 表面生成的其他硫毒化产物也会降低阳极的电导率,减少燃料与 LSCrM 阳极的接触机会,并影响燃料的吸附、解离、迁移等过程。因此,LSCrM 复合阳极的阻抗会在毒化后增大,导致电池的最大输出功率密度降低。

图 5-6 是 Ni-LSCrM 复合阳极在硫毒化前后的微观形貌。由图 5-6 (a)可以看出,直径为 50~100 nm 的小颗粒均匀地分布在直径约为 1 μm 的大颗粒表面上,暴露在外的大颗粒表面非常光滑且颗粒之间连接良好。为了明确大颗粒和小颗粒的成分,对它们的元素组成进行了表征。大颗粒和小颗粒的元素种类、重量百分比以及原子百分比,如表 5-1 和表 5-2 所示。由表 5-1 可知,大颗粒成分主要为 La 元素、Sr 元素、Cr 元素、Mn 元素和 O 元素,各原子比例接近 $La_{0.75}Sr_{0.25}Cr_{0.5}Mn_{0.5}O_3$,多余的 O 可能来源于样品表面吸附的 O_2 和 CO_2。由此可知,复合阳极处的大颗粒为 LSCrM。由表 5-2 可知,小颗粒的主要成分为 Ni 元素、La 元素、Sr 元素、Cr 元素、Mn 元素和 O 元素。其中,Ni 所占比例最高。

由此可知,复合阳极处的小颗粒为 NiO。由图 5-6 (b)可知,硫毒化后,催化剂的颗粒尺寸将明显增大,为 100~150 nm。但在复合阳极表面并没有发现颗粒尺寸为 20 nm 左右的硫毒化产物,这说明复合阳极中 LSCrM 表面硫毒化程度弱于 LSCrM 单相状态,硫化产物的量不足以形成明显的颗粒。结合 XRD 和微观形貌分析,可得出结论:催化剂 Ni 的存在会大大降低 LSCrM 的硫中毒程度。

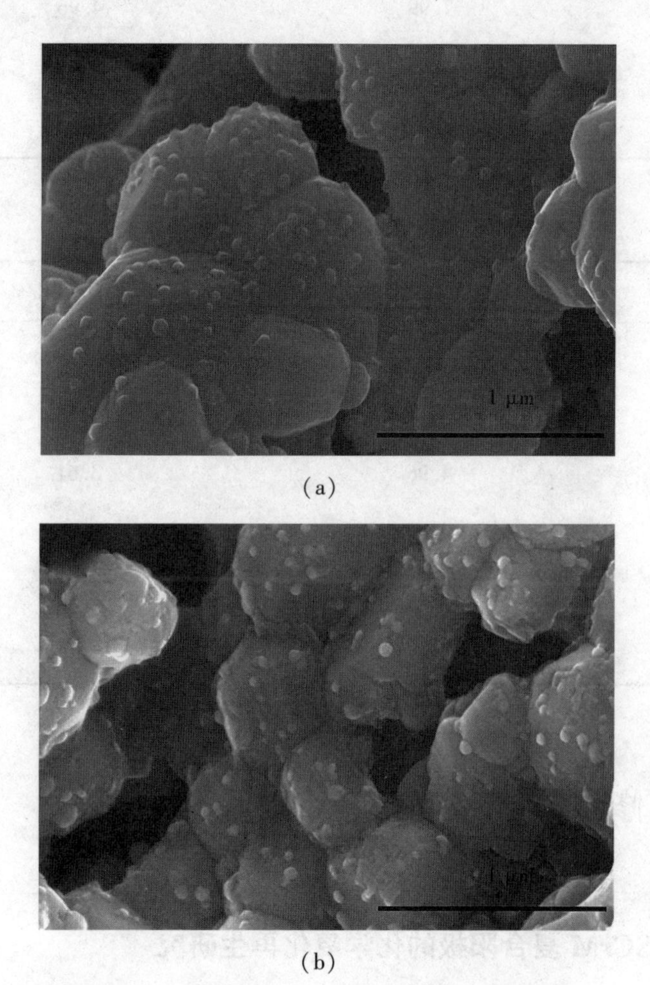

图 5-6　毒化前后 Ni-LSCrM 阳极的微观形貌

(a)毒化前;(b) 毒化后

表 5-1　Ni-LSCrM 复合阳极中大颗粒的元素组成

元素	重量百分比/%	原子百分比/%
O	36.02	76.85
Cr	7.74	5.08
Mn	7.99	4.96
Sr	8.75	3.41
La	39.50	9.70

表 5-2　Ni-LSCrM 复合阳极中小颗粒的元素组成

元素	重量百分比/%	原子百分比/%
O	23.18	57.85
Cr	5.43	4.17
Mn	4.96	3.61
Ni	36.86	25.07
Sr	4.86	2.20
La	24.71	7.10

5.3　Ni 修饰 LSCrM 阳极硫中毒后的再生研究

5.3.1　LSCrM 复合阳极的化学氧化再生研究

针对 Ni-LSCrM 复合阳极的硫中毒问题，本节采用化学氧化的方法对复合阳极进行再生。再生条件与第 3 章和第 4 章所述相同，即再生时间为 15 min，O_2 流量为 10 $m^3 \cdot min^{-1}$。再生过程中，电池始终保持开路状态。

图 5-7 是硫毒化前后以及化学氧化后电池的输出性能。从图中可知,硫毒化显著降低了电池的最大输出功率密度。经化学氧化再生后,电池的最大输出功率密度得到了显著提升,但未能恢复到毒化前电池的性能水平。

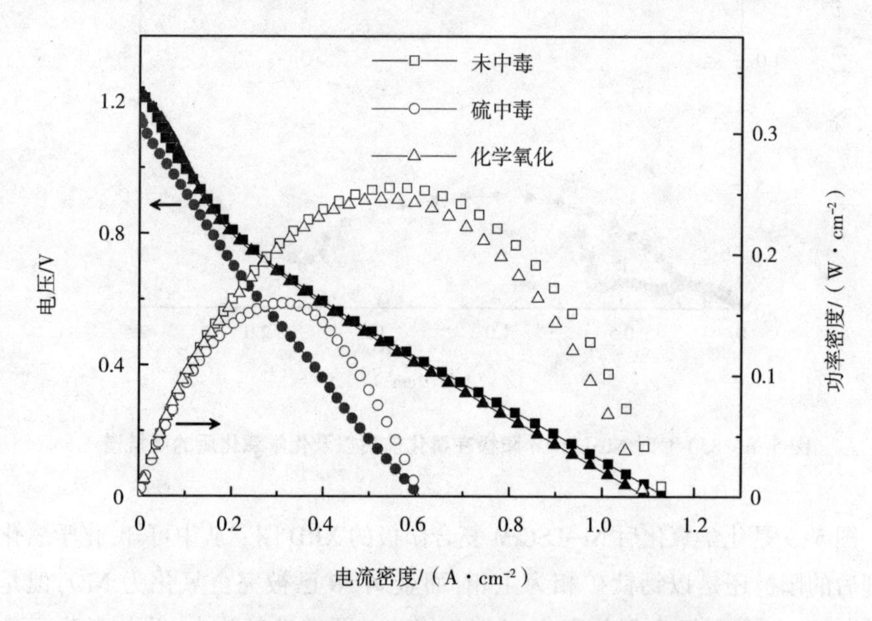

图 5-7 850 ℃时以 Ni-LSCrM 为阳极的固体氧化物燃料电池在毒化前后以及化学氧化后的输出性能

图 5-8 是硫毒化前后以及化学氧化后 Ni-LSCrM 复合阳极的阻抗谱。由图可知,硫中毒后,Ni-LSCrM 复合阳极阻抗谱中每个弧都明显增大。然而,化学氧化处理后,Ni-LSCrM 复合阳极阻抗明显减小,其阻抗谱几乎可与毒化前的阻抗谱重合。综上所述,无论是从电池的输出性能还是从复合阳极的阻抗来看,化学氧化法都可以使 Ni-LSCrM 复合阳极再生,但是再生后的电化学性能并未能超过硫毒化前的水平。此外,Ni-LSCrM 复合阳极的电化学性能变化情况与 Co-LSCrM 复合阳极相似,即两种复合阳极均可以通过化学氧化法再生,但再生后的性能都不能超过毒化前的性能。

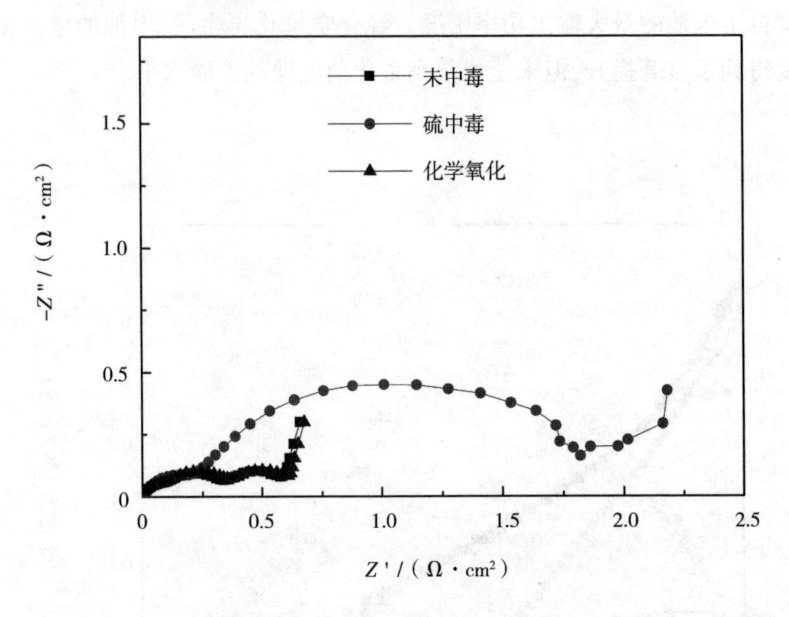

图 5-8　850 ℃时 Ni-LSCrM 阳极在毒化前后以及化学氧化后的阻抗谱

图 5-9 是化学氧化后 Ni-LSCrM 复合阳极的 XRD 图。从中可知,化学氧化处理后的阳极还是以钙钛矿相为主相,而金属 Ni 已被完全氧化为 NiO,但是 Ni-LSCrM 复合阳极中仍然存在一些杂相。对图谱进行放大,并与毒化后的 XRD 图进行对比,可发现镍硫化合物以及其他金属硫化物对应的峰已经完全消失。这说明化学氧化再生法能在短时间内有效清除复合阳极中的硫中毒产物。Ni-LSCrM 复合阳极电导率恢复以及反应活性位增加是其能够再生的主要原因。化学氧化后,Ni-LSCrM 复合阳极中还出现了锰氧化物的物相。在电池工作环境下,锰氧化物对 Ni-LSCrM 复合阳极处燃料的氧化具有良好的催化作用。然而,尽管有锰氧化物生成,Ni-LSCrM 复合阳极的电化学性能也未能超越硫毒化前的水平。这个现象可通过观察 Ni-LSCrM 复合阳极的微观形貌进行解释。

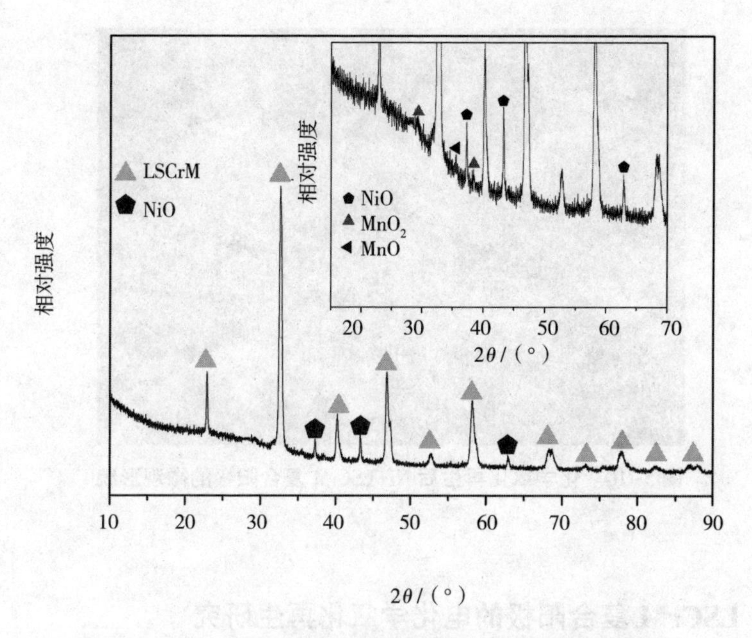

图 5-9 Ni-LSCrM 复合阳极在化学氧化后的 XRD 图

图 5-10 是化学氧化再生后 Ni-LSCrM 复合阳极的微观形貌。Ni-LSCrM 复合阳极颗粒尺寸经化学氧化再生后并未出现增大现象。此时,可以观察到 Ni-LSCrM 复合阳极表面,尤其是颗粒之间的交界区域,附着了一些锰氧化物小颗粒,这些颗粒尺寸约为 50 nm,但与纯 LSCrM 阳极相比,Ni-LSCrM 复合阳极在氧化再生后生成的锰氧化物颗粒较少。这可能是因为催化剂 Ni 的存在降低了 LSCrM 的硫毒化程度,从而导致 MnS 的生成量较少,进而导致锰氧化物颗粒的数量也相应减少。由 XRD 结果可知,化学氧化后催化剂的存在形式为 NiO,其颗粒尺寸为 100~150 nm,相比之下,硫毒化前 NiO 的颗粒尺寸仅为 50~100 nm。由此可见,硫毒化和化学氧化再生后,催化剂的颗粒尺寸增大了不少。催化剂颗粒尺寸增大对其催化能力的发挥是不利的,颗粒尺寸增大会导致催化剂的比表面积减小,进而影响燃料的吸附、解离等阳极过程。阳极表面生成的少量锰氧化物虽然有助于提高阳极的性能,但这种提升尚不足以抵消催化剂体积增大所带来的负面影响。因此,氧化再生后的复合阳极的电化学性能无法超越硫毒化前的水平。

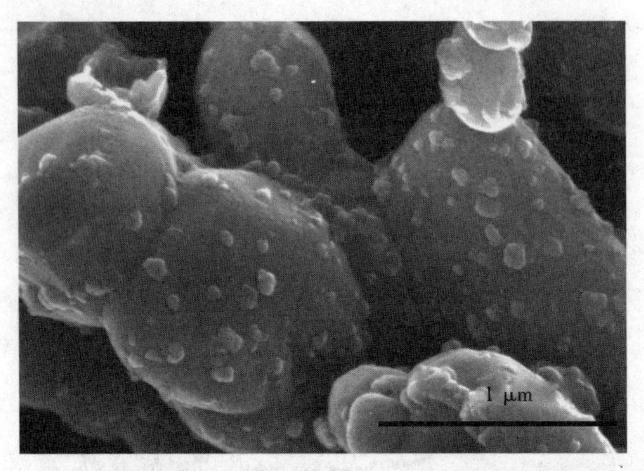

图 5-10　化学氧化再生后 Ni-LSCrM 复合阳极的微观形貌

5.3.2　LSCrM 复合阳极的电化学氧化再生研究

电化学氧化过程对于硫中毒的 Co-LSCrM 复合阳极的再生效果有限,那么对于 Ni-LSCrM 复合阳极,电化学氧化再生法是否同样不适用? 本节将针对这个问题展开研究。本节采用与 4.5.2 节相同的 H_2S 浓度(体积百分比为 0.005%)、毒化时间(5 h)对 Ni-LSCrM 复合阳极进行硫毒化处理。随后,在 Ar 气氛中,以 120 mA · cm^{-2} 的电流密度对 Ni-LSCrM 复合阳极进行电化学氧化再生。

图 5-11 是在 850 ℃、120 mA · cm^{-2} 电流密度下,电化学氧化再生过程中以 Ni-LSCrM 为阳极的电池路端电压的变化情况。在 120 mA · cm^{-2} 电流密度下,初期在 H_2 气氛中,电池为电流源,持续为外电路提供电流,此时的正向电压值为外电路负载上的电压降。当阳极气室充满 Ar 时,电化学工作站作为电流源,电池作为负载,测试得到的负向电压值为整个电池上的电压降。当电化学氧化过程结束并再次通入 H_2 时,电池的路端电压短暂性地向正方向增加后又继续维持负值放电状态。这说明经过电化学氧化后,即使通入燃料,电池也无法为外电路提供电流密度为 120 mA · cm^{-2} 的放电电流,此时电化学工作站仍然作为电流源,而电池则仍为负载。这一结果与以 Co-LSCrM 为阳极的电池在电化

学氧化再生过程中的路端电压变化规律是一致的。

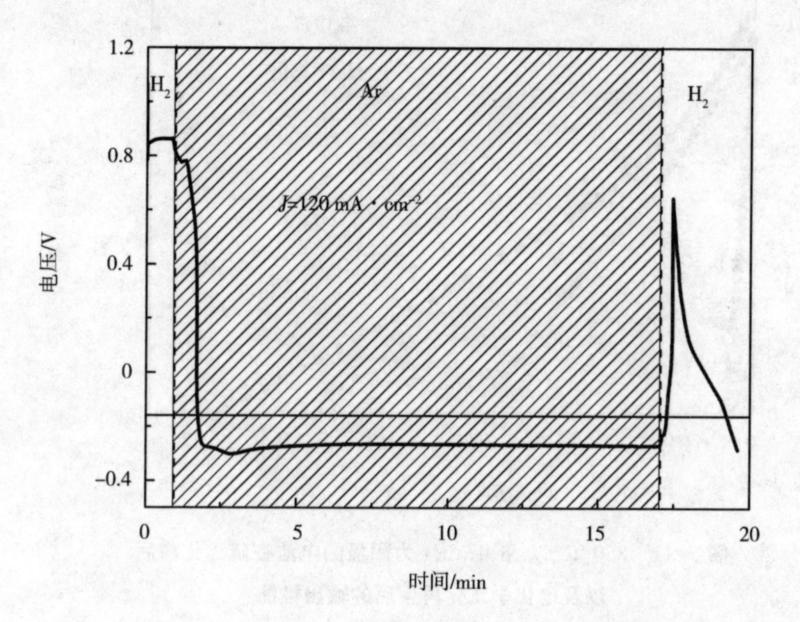

图 5-11　在 850 ℃、以 120 mA · cm^{-2} 电流密度条件下进行电化学氧化再生过程中以 Ni-LSCrM 为阳极的电池路端电压的变化情况

图 5-12 是硫毒化前后以及电化学氧化后电池的输出性能。由图可知，经过 15 min 的电化学氧化处理后，电池开路电压仍为 1.2 V，这表明此时电池的电解质仍然致密无漏气。然而，电池电化学性能却大幅下降，最大输出功率密度仅为 0.018 7 W · cm^{-2}。

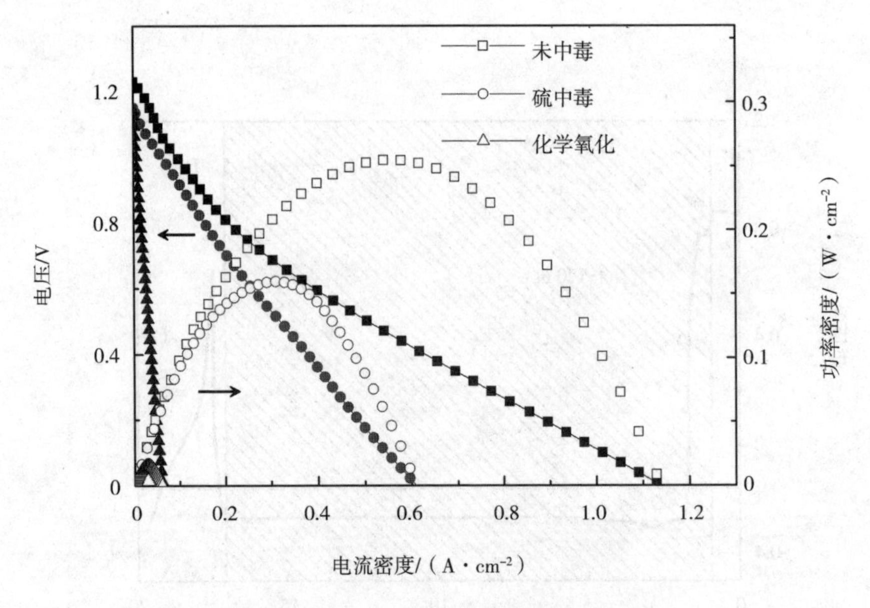

图 5-12　850 ℃、以 Ni-LSCrM 为阳极的电池在硫毒化前后以及电化学氧化再生后的输出性能

图 5-13 是硫毒化前后以及电化学氧化后 Ni-LSCrM 复合阳极的阻抗谱。经过电化学氧化后，Ni-LSCrM 复合阳极的阻抗并没有减小，反而增大了不少，其数值约为硫毒化前后阻抗值的 40 倍。这一结果，连同全电池的输出性能数据，共同表明电化学氧化过程不能有效地提升电池以及 LSCrM 复合阳极的电化学性能。因此，电化学氧化方法并不适用于 Ni-LSCrM 复合阳极的再生。

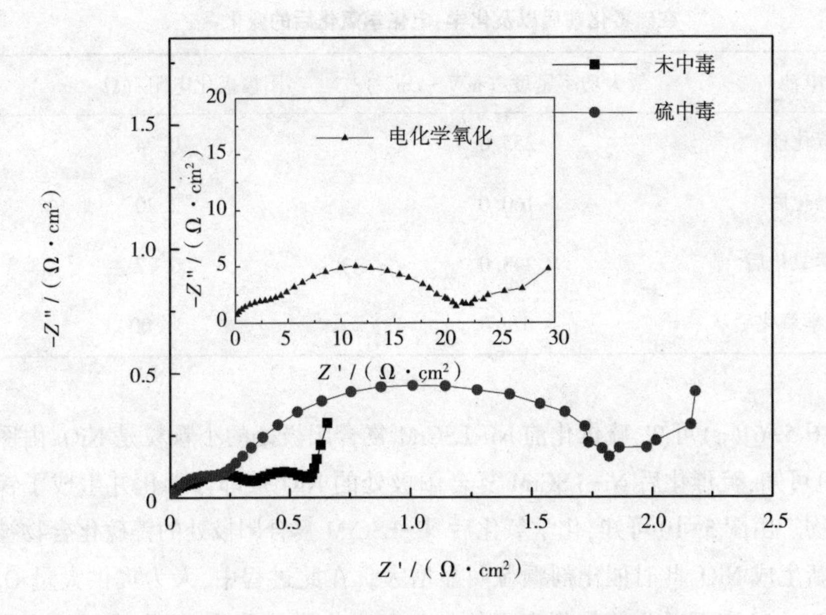

图 5-13　850 ℃、Ni-LSCrM 复合阳极在硫毒化前后及电化学氧化再生后的阻抗谱

5.3.3　两种再生方法效果对比与机理分析

表 5-3 是电池的最大输出功率以及 Ni-LSCrM 复合阳极的极化电阻在硫毒化前后、化学氧化后以及电化学氧化后的对比结果。由表可知，硫毒化会造成电池输出性能降低以及 Ni-LSCrM 复合阳极阻抗增大；化学氧化可以使电池以及硫中毒的 Ni-LSCrM 复合阳极的电化学性能恢复，但并不能明显优于硫毒化前的性能；而电化学氧化并不能使硫中毒的 Ni-LSCrM 复合阳极的电化学性能得到恢复，反而使其性能显著降低。对此，本节将通过分析两种再生过程后 Ni-LSCrM 复合阳极的微观形貌给予解释。

表 5-3　电池的最大输出功率密度以及 Ni-LSCrM 复合阳极阻抗在硫毒化前后以及化学、电化学氧化后的变化

电池	最大功率密度/($mW \cdot cm^{-2}$)	阳极极化电阻/($\Omega \cdot cm^2$)
毒化前	255.0	0.74
毒化后	160.0	2.20
化学氧化后	248.0	0.77
电化学氧化后	18.7	31.00

由图 5-6 (a)可知,硫毒化前 Ni-LSCrM 复合阳极处的小颗粒是 NiO;由图 5-6 (b)可知,硫毒化后 Ni-LSCrM 复合阳极处的 NiO 被部分毒化并生成了镍硫化合物。由图 5-10 可知,化学氧化后 Ni-LSCrM 复合阳极处的镍硫化合物被氧化重新生成 NiO,此时催化剂颗粒明显增大。在此过程中,人为提供大量 O_2 可以使 LSCrM 表面以及催化剂表面的硫中毒产物原位清除,氧化过程较为剧烈。图 5-14 是电化学氧化再生后 Ni-LSCrM 复合阳极的微观形貌图。由图可知,电化学氧化后 LSCrM 表面附着的催化剂颗粒尺寸进一步增大,达到了 100~200 nm(硫毒化前的催化剂颗粒尺寸为 50~100 nm),甚至在 LSCrM 晶界处形成了更大的颗粒,这些颗粒表面都比较光滑。

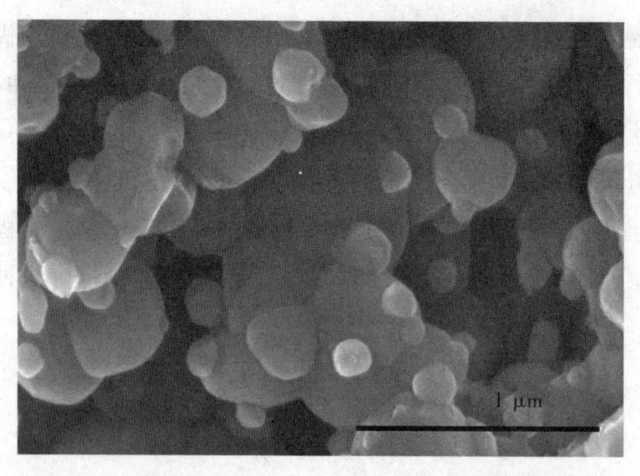

图 5-14　电化学氧化后 Ni-LSCrM 复合阳极的微观形貌

电化学氧化再生后,Ni-LSCrM复合阳极发生了显著的微结构改变。这可能是因为电化学氧化再生过程中不仅发生了化学反应和电化学反应,还可能触发了催化剂Ni的高温熔融。NiS的熔点为797 ℃,而实验温度则高达850 ℃。此外,电化学氧化过程中无法在短时间内为NiS的快速氧化提供充足的O_2,因此NiS层便会发生熔融。此时,LSCrM表面的纳米颗粒被NiS液膜包围,并沿着表面迁移至自由能较低的LSCrM晶界处,聚集形成圆滑表面的大颗粒或液滴。催化剂颗粒尺寸增大会显著减小阳极的比表面积,进而影响H_2燃料分子的吸附和反应。除此之外,催化剂在LSCrM晶界区聚集可能会破坏LSCrM间的连通性,影响离子和电子的运输。

由以上分析可知,虽然化学氧化法和电化学氧化法均可产生锰氧化物颗粒,但这两者存在很大的不同。首先,氧化方式不同:化学氧化比较剧烈,而电化学氧化则较温和。其次,氧化后催化剂的形态不同:化学氧化生成致密的NiO颗粒,而电化学氧化则形成圆滑大颗粒。再次,氧化后催化剂的位置也有所不同:化学氧化后NiO原位生成,而电化学氧化则导致催化剂迁移至LSCrM晶界处。最后,两者的氧化结果不同:化学氧化可以实现硫中毒复合阳极的再生,而电化学氧化则不可以实现再生。

5.4 本章小结

本章采用浸渍法向LSCrM多孔阳极中引入催化剂Ni,并对Ni-LSCrM复合阳极的耐硫性能进行了表征,进而采用化学和电化学氧化法对Ni-LSCrM复合阳极进行再生,研究结果表明:

(1)Ni-LSCrM复合阳极在含体积百分比为0.005%的H_2S杂质的H_2气氛中会发生硫中毒,以Ni-LSCrM为阳极的电池的电压衰退程度大于以纯LSCrM为阳极的电池,加入Ni加剧了复合阳极的硫中毒程度,但其耐硫能力仍高于Ni-YSZ金属陶瓷阳极。

(2)化学氧化法能使硫中毒的Ni-LSCrM复合阳极实现再生,且其性能可恢复到毒化前的水平。虽然化学氧化后催化剂颗粒尺寸增加降低了催化剂的催化活性,但这种损失可通过锰氧化物纳米颗粒给电极带来的性能提升进行补偿。

(3)电化学氧化法不能使硫中毒的 Ni-LSCrM 复合阳极实现再生。电化学氧化过程中形成的大量较大尺寸、表面光滑的颗粒物可能破坏了 Ni-LSCrM 复合阳极的微结构,从而导致其电化学性能严重衰退。

第 6 章　Ni 和 CeO_2 修饰 LSCrM 阳极的催化与电化学氧泵再生机制研究

6.1　引言

由于金属 Ni 的导电性和 LSCrM 基底阳极的 O_2 传导能力有限，电化学氧化再生法不适用于硫中毒 Ni-LSCrM 复合阳极的再生。电化学氧化过程中，Ni 催化剂颗粒会增大尺寸并发生迁移，从而对复合阳极的结构和电化学性能造成不可逆的损害。目前来看，电化学氧化再生法对硫中毒的纯电子导电相材料及其修饰的氧化物复合阳极材料的再生具有一定的局限性。

本书针对金属催化剂修饰的复合阳极不适用于电化学氧泵氧化再生这一问题，提出了解决方案。本章将采用氧化物催化剂对金属催化剂进行固定，通过精确控制两种催化剂的浸渍顺序和浸渍量，创建一种氧化物催化剂、金属催化剂和基底阳极三者共存的复合阳极结构。本章选择 CeO_2 为氧化物催化剂、Ni 为金属催化剂、LSCrM 为基底阳极，深入研究 LSCrM-Ni-CeO_2 复合阳极的催化能力、耐硫中毒能力以及电化学氧泵再生能力。同时，结合第一性原理计算分析相关催化机制和电化学氧泵再生机制。

6.2　LSCrM-Ni-CeO_2 复合阳极的合成及耐硫中毒能力表征

本章在第 5 章的基础上，采用硝酸盐溶液浸渍法制备 LSCrM-Ni-CeO_2 复合阳极，其中催化剂金属 Ni 的浸渍浓度为 3 $mmol \cdot cm^{-3}$，CeO_2 的浸渍浓度为 6 $mmol \cdot cm^{-3}$。经多次浸渍、热分解和烧结流程，最终制成阳极有效面积为 0.125 6 cm^2 的 LSCrM-Ni-CeO_2/YSZ/LSM 电解质支撑型单电池。

本节首先对已组装完成的电池进行硫中毒实验。在电池工作温度为 850 ℃，燃料气氛是体积百分比为 0.005%的 H_2S 的条件下，硫中毒实验持续 6.5 h。在此期间，持续监测电池在恒流放电过程中的输出电压衰退情况。图 6-1 为电池输出电压衰退曲线。由图可知，经过 6.5 h 的硫中毒测试后，电池输出电压的衰退率约为 3%。这一结果充分说明以 LSCrM-Ni-CeO_2 为阳极的固体氧化物燃料电池具备良好的耐硫中毒能力。

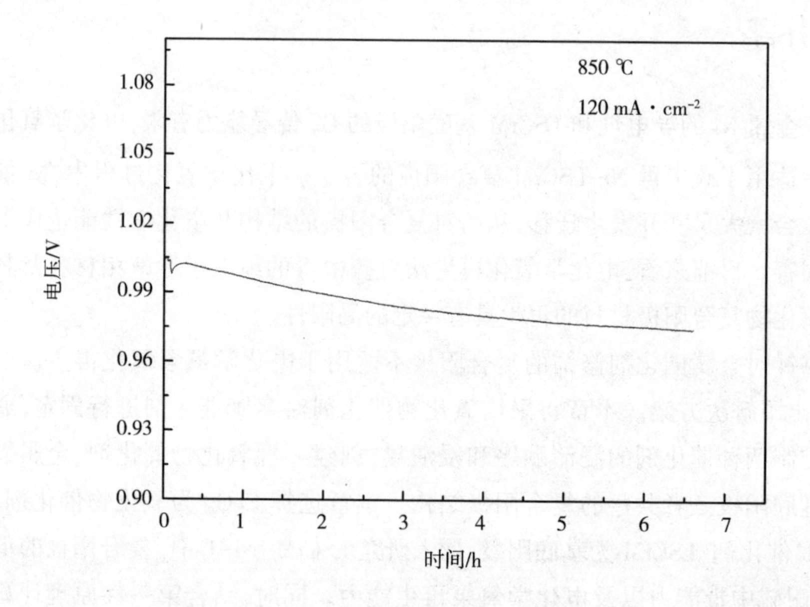

图 6-1 在 850 ℃、体积百分比为 0.005%的 H_2S 气氛、120 mA · cm^{-2} 电流密度的条件下恒流放电过程中以 LSCrM-Ni-CeO_2 为阳极的电池的输出电压变化情况

为了研究硫中毒 LSCrM-Ni-CeO_2 阳极的电化学氧化氧泵再生能力，在复合阳极硫中毒后，撤去燃料气氛，并用缓冲气 Ar 吹扫阳极气室以除去残留燃料。随后，执行电化学氧泵再生过程，具体操作为电化学工作站为固体氧化物燃料电池持续提供电流密度为 32 mA · cm^{-2} 的电流，在 LSM 阴极的催化作用下，O_2 在阴极处得电子被还原为 O^{2-}，O^{2-}经过 YSZ 电解质被运输至 LSCrM-Ni-CeO_2 复合阳极处，为硫中毒 LSCrM-Ni-CeO_2 阳极的再生提供可能。图 6-2 是电化学氧泵再生过程中电池的路端电压变化曲线。在燃料气氛中，固体氧化物燃料电池可持续为外电路提供输出电压。当撤去燃料气氛并在 Ar 气氛中执行电化学氧泵过程时，固体氧化物燃料电池丧失电源功能。此时，电化学工作站充当电源维持恒定的电流输出，而固体氧化物燃料电池变成负载。当结束约 15 min 的电化学氧泵过程后，再次向阳极气室通入燃料时，固体氧化物燃料电池又重新充当电源。此结果说明 LSCrM-Ni-CeO_2 阳极在执行电化学氧泵过程后，并没有像 LSCrM-Ni 复合阳极一样失活。这充分说明了 LSCrM-Ni-CeO_2 阳

极具备电化学氧泵再生能力。

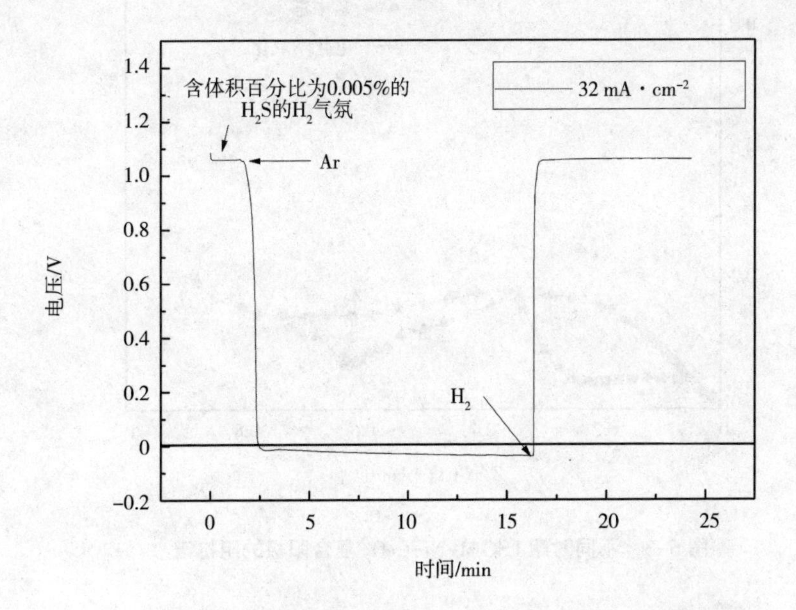

图 6-2　电化学氧泵再生过程中电池的路端电压变化曲线

为了减少阻抗谱的采集时间并实时快速评估阳极阻抗，本节将 LSCrM-Ni-CeO_2复合阳极的交流阻抗谱测试频率范围设置为 $1.0\times10^6\sim0.3$ Hz。图 6-3 为 LSCrM-Ni-CeO_2复合阳极在硫中毒前后、电化学氧泵再生后的阻抗谱。由图可知，硫中毒过程明显导致了阳极阻抗增加，而经过电化学氧泵过程后，阻抗有一定程度恢复。不同时期的 LSCrM-Ni-CeO_2 复合阳极阻抗谱相应的弛豫时间分布拟合曲线如图 6-4、图 6-5、图 6-6 所示。与纯 LSCrM 阳极相比，LSCrM-Ni-CeO_2 复合阳极的弛豫时间分布拟合曲线中对应气体扩散过程的 P1 峰消失，只存在 P2、P3、P4 三个峰，这表明在当前的测试条件下没有采集到气体扩散过程对应的阻抗。

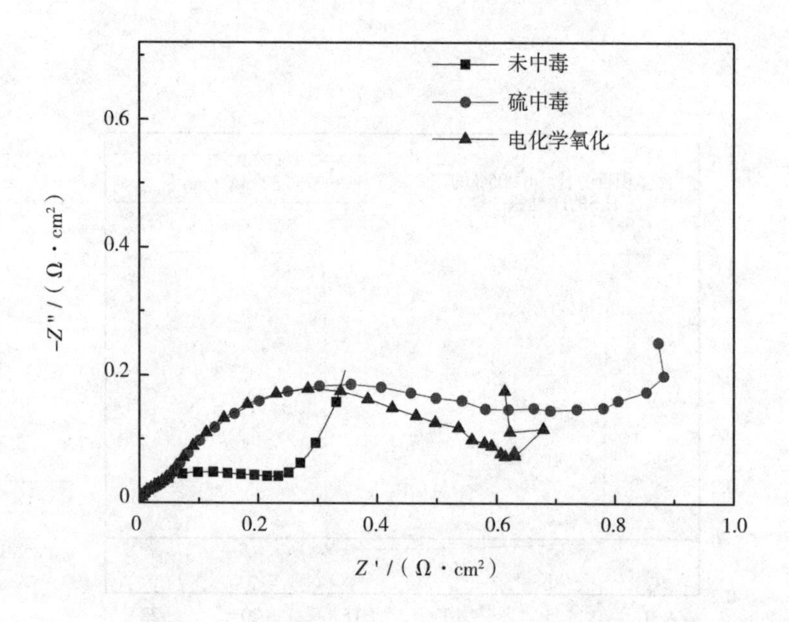

图 6-3　不同时期 LSCrM-Ni-CeO_2 复合阳极的阻抗谱

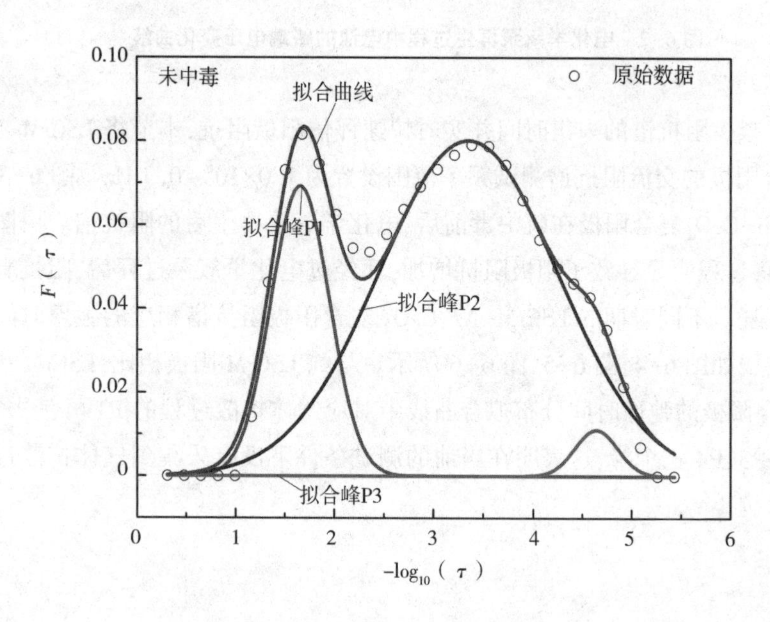

图 6-4　未中毒 LSCrM-Ni-CeO_2 复合阳极阻抗谱的弛豫时间分布拟合曲线

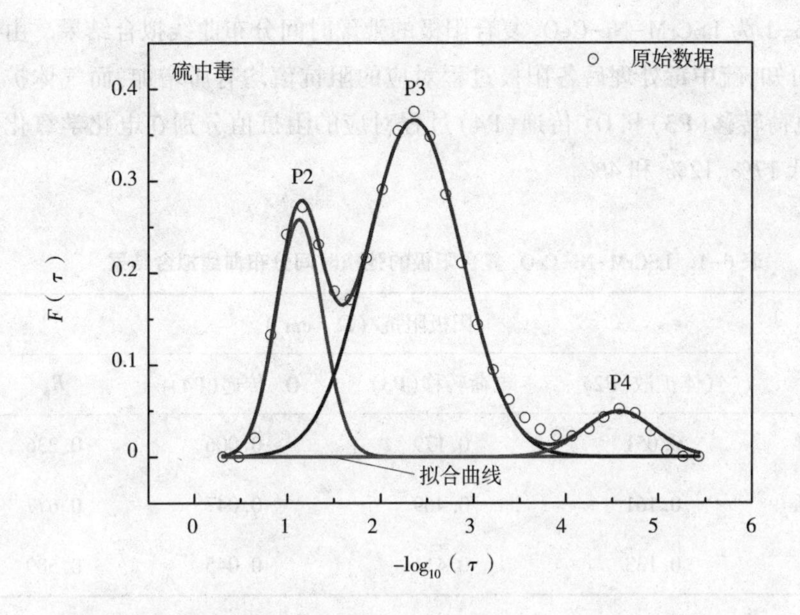

图 6-5　硫中毒 LSCrM-Ni-CeO_2 复合阳极阻抗谱的弛豫时间分布拟合曲线

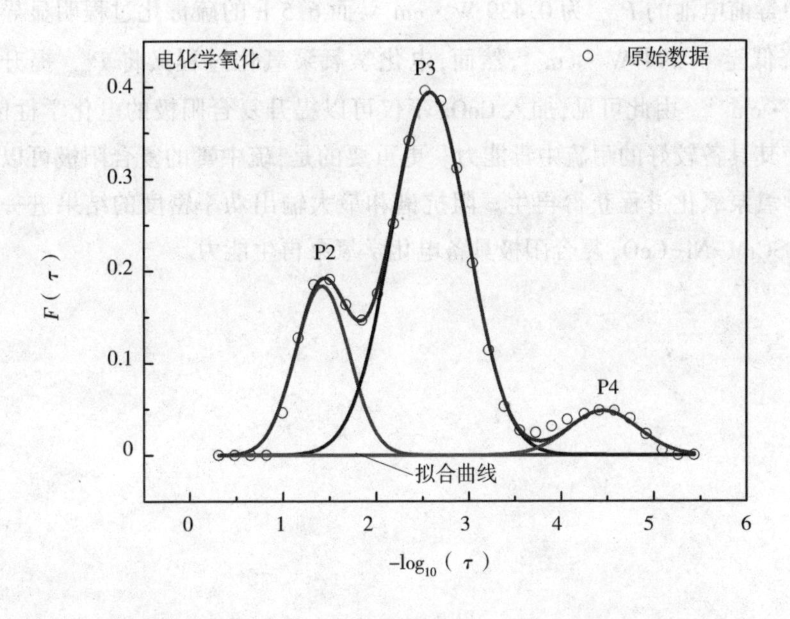

图 6-6　电化学氧泵再生 LSCrM-Ni-CeO_2 复合阳极阻抗谱的弛豫时间分布拟合曲线

表 6-1 为 LSCrM-Ni-CeO_2 复合阳极的弛豫时间分布曲线拟合结果。由表中数据可知，硫中毒处理后各阳极过程对应的阻抗值均有所增加，而气体扩散(P2)、电荷转移(P3)和 O^{2-} 传递(P4)过程对应的阻抗值分别在电化学氧化处理后降低 17%、12% 和 4%。

表 6-1　LSCrM-Ni-CeO_2 复合阳极的弛豫时间分布曲线拟合结果

阳极	阳极阻抗/(Ω · cm^2)			
	气体扩散(P2)	电荷转移(P3)	O^{2-} 传递(P4)	R_p
未中毒	0.051	0.179	0.006	0.236
硫中毒	0.161	0.469	0.047	0.677
再生	0.133	0.411	0.045	0.589

图 6-7 为以 LSCrM-Ni-CeO_2 为阳极的全电池的极化曲线和输出功率密度。硫中毒前电池的 P_{max} 为 0.439 W · cm^{-2}，而 6.5 h 的硫毒化过程明显导致了 P_{max} 降低至 0.294 W · cm^{-2}，然而，电化学氧泵氧化过程又将 P_{max} 提升至 0.347 W · cm^{-2}。由此可见，加入 CeO_2 不仅可以提升复合阳极的电化学性能，还可以使其具备较好的耐硫中毒能力。更重要的是，硫中毒的复合阳极可以通过电化学氧泵氧化过程获得再生。阻抗谱和最大输出功率密度的结果进一步验证了 LSCrM-Ni-CeO_2 复合阳极具备电化学氧泵再生能力。

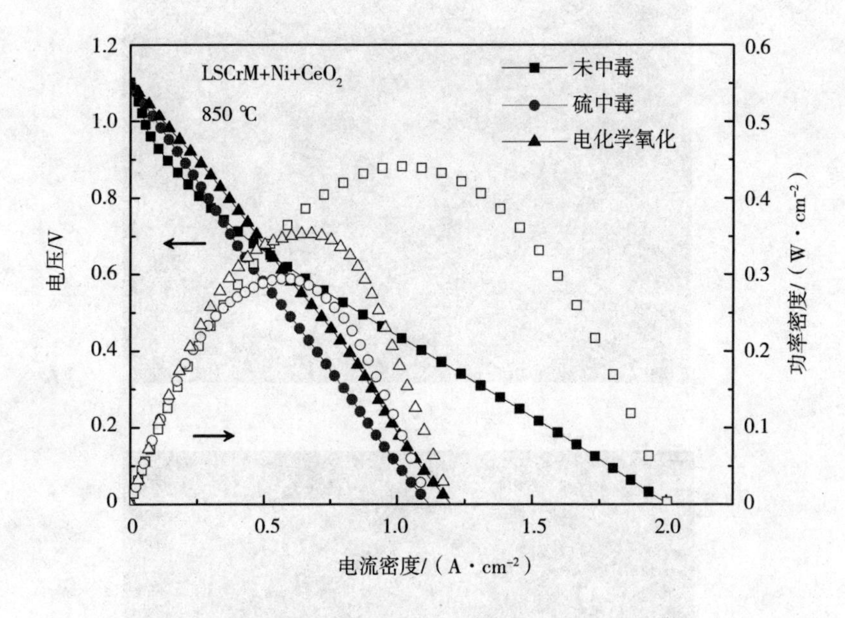

图 6-7 不同时期全电池的极化曲线和输出功率密度

6.3 LSCrM-Ni-CeO_2 复合阳极的微观形貌表征

图 6-8(a)是 LSCrM- Ni 复合阳极的微观形貌，其中 Ni 纳米颗粒零散地分布在微米级 LSCrM 颗粒的表面。图 6-8(b)为 LSCrM-Ni-CeO_2 复合阳极的微观形貌，催化剂金属 Ni 和 LSCrM 基底阳极颗粒表面已被 CeO_2 催化剂覆盖，且 CeO_2 浸渍层并不厚重，基本实现了单层覆盖。CeO_2 可为阳极提供充足的 O^{2-} 运输通道，并确保了 LSCrM 和 Ni 能够充分发挥阳极功能。图 6-8(c)为硫中毒后 LSCrM-Ni-CeO_2 复合阳极的微观形貌，阳极表面粗糙程度增加，这表明阳极已发生硫中毒现象。图 6-8(d)为电化学氧泵再生后的阳极微观形貌，从中可以看出，LSCrM 晶界处并没有出现催化剂颗粒聚集的情况，CeO_2 的存在确实实现了抑制催化剂金属 Ni 迁移的目的。

(a)

(b)

(c)

(d)

图 6-8　复合阳极微观形貌

(a) LSCrM-Ni; (b) LSCrM-Ni-CeO_2;

(c) 硫中毒 LSCrM-Ni-CeO_2; (d) 电化学氧泵再生 LSCrM-Ni-CeO_2

此外,利用 EDX 方法对图 6-8(c)和图 6-8(d)中的 S 元素分布进行表征,结果如图 6-9(a)和 6-9(b)所示。由图可知,经过电化学氧泵过程,LSCrM-Ni-CeO_2 复合阳极处的硫杂质分布密度明显降低。这是该复合阳极能够实现再生的主要原因。

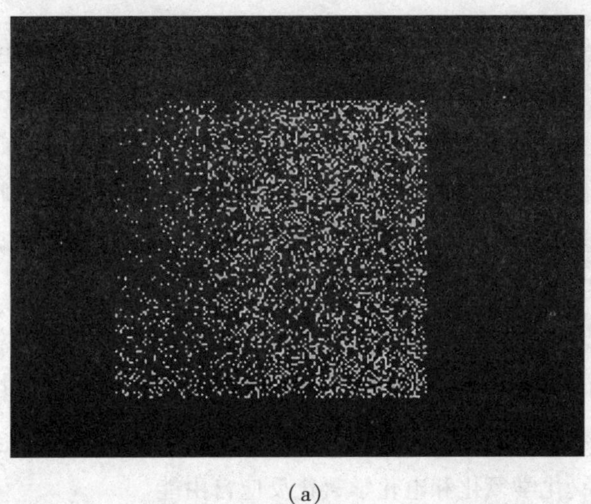

(a)

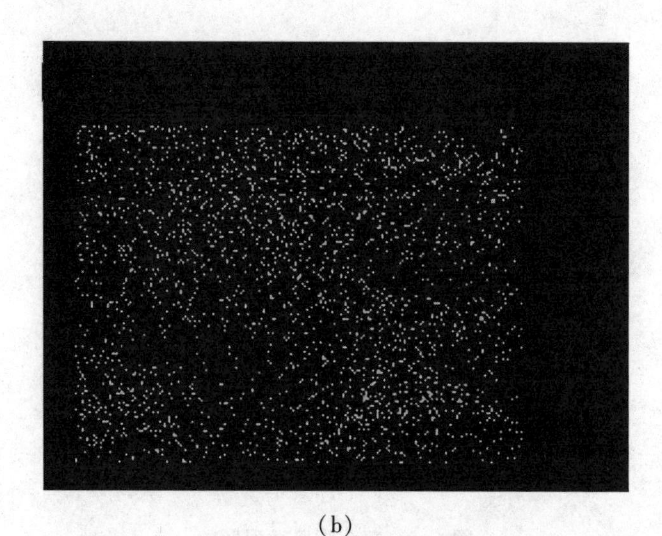

(b)

图 6-9 LSCrM-Ni-CeO_2 阳极中的 S 元素分布

(a)硫中毒;(b)电化学氧泵再生

6.4 阳极的催化剂机制与电化学氧泵氧化再生机制确定

6.4.1 复合阳极表面模型的构建

本节使用的第一性原理计算采用 Materials Studio (MS)软件包的 DFT 计算方法。电子的交换关联项的处理同 3.4.2 一样,采用 GGA 的 PBE 泛函。在 DFT 计算中,截断能被设置为 450.00 eV 以进行平面波展开计算,3×3×1 的 K 点网格被用以计算表面模型。设置这些参数确保了体系的能量收敛和几何结构优化收敛标准设定在 0.03 eV · $Å^{-1}$ 之内。为了避免周期性边界条件引起的表面间相互作用,设置了 15 Å 的真空层厚度。

为了进一步探究金属 Ni 和 CeO_2 的催化机制,并明确复合阳极在电化学氧泵过程中 O^{2-} 的迁移路径和再生机制,本节建立了 LSCrM 超晶胞模型以及催化剂与阳极基底复合模型。基于这些模型计算了复合材料的结合能、氧空位形成能、O^{2-} 迁移路径、化学氧化和电化学氧化反应自由能。

因为 $LaMnO_3$ 的(100)晶面比(110)晶面和(111)晶面更稳定,所以后续的计算都是在(100)晶面进行的。将 Sr 和 Cr 掺杂在 $LaMnO_3$ 中(LSCrM),每四个 La 原子中掺杂一个 Sr 原子,La 和 Sr 的原子数量比例为 75% 和 25%,每两个 Mn 原子中掺杂一个 Cr 原子,Mn 和 Cr 的原子数量比例为 50%和 50%。经过掺杂处理,得到用于后续计算的 LSCrM(100)表面模型。图 6-10 为 LSCrM(100)表面的超晶胞模型。

图 6-10(a)为 LSCrM(100)晶面的 La/Sr—O 平面,其与 Ni(111)晶面的结合能为-4.82 eV,这比图 6-10(b)所示的 Cr/Mn—O 平面与 Ni(111)晶面的结合能-3.55 eV 更负,因此 La/Sr—O 平面与 Ni(111)晶面结合的界面模型结构更稳定。这表明 LSCrM(100)晶面的 La/Sr—O 平面与 Ni(111)晶面结合是最可能的界面结构。图 6-11(a)即为该界面模型的示意图。在后续的界面模型相关计算中,均采用此模型。

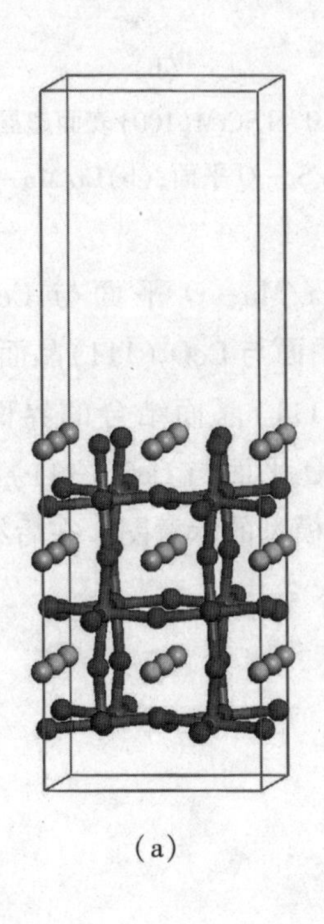

(a)

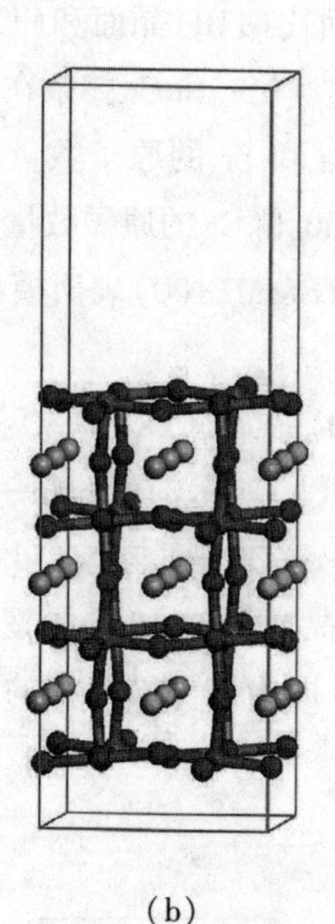

(b)

图 6-10　LSCrM(100)表面超晶胞模型

(a)La/Sr—O 平面;(b)Cr/Mn—O 平面

LSCrM(100)晶面的 Cr/Mn—O 平面与 CeO_2(111)晶面的结合能为-19.14 eV,这比 La/Sr—O 平面与 CeO_2(111)晶面的结合能-15.88 eV 更负,因此 Cr/Mn—O 平面与 CeO_2(111)晶面结合的界面模型结构更稳定。这表明 LSCrM(100)晶面的 Cr/Mn-O 平面与 CeO_2(111)晶面结合是最可能的界面结构。图 6-11(b)即为该界面模型的示意图。在后续的界面模型相关计算中,采用的都是此模型。

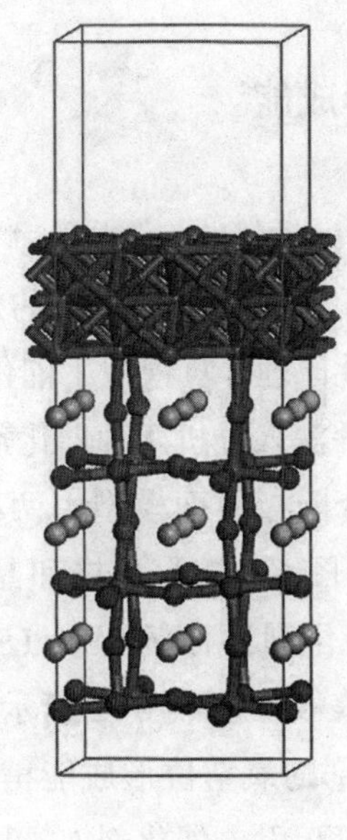

(a)

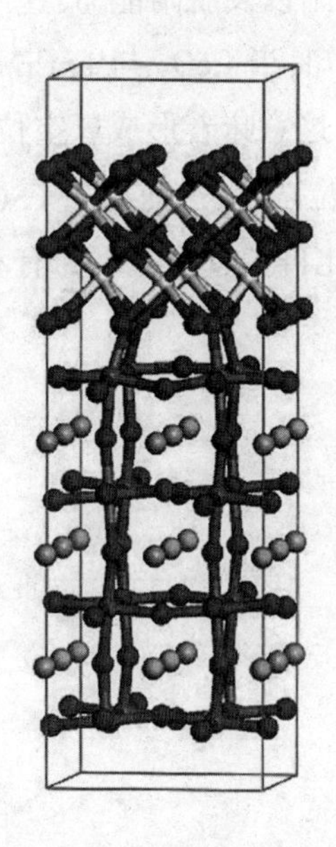

(b)

图 6-11　界面模型示意图

(a) LSCrM-Ni; (b) LSCrM-CeO_2

6.4.2 复合阳极氧空位形成能

电化学氧泵再生方法对阳极材料的O^{2-}电导率有着较高的要求。通过计算阳极材料的氧空位形成能即可知晓氧空位形成的难易程度，进而明确材料的O^{2-}传导能力。本节利用第一性原理计算模拟了催化剂修饰前后 LSCrM 阳极内部和界面处的氧空位形成能，并深入分析两种催化剂的催化机制及其作用。

催化剂修饰的 LSCrM 复合阳极界面模型由两种相态构成，上层是催化剂CeO_2或者 Ni，下层是 LSCrM。图 6-12 为晶格和晶界氧空位示意图。通过计算，可以分别得到 LSCrM 和催化剂界面处以及 LSCrM 内部的氧空位形成能E_{vac1}及E_{vac2}，具体计算结果如表 6-1 和表 6-2 所示。当 LSCrM 与催化剂 Ni 金属结合时，界面处和 LSCrM 内部的氧空位形成能稍有减小，但这应该不是复合阳极性能提升的主要原因。相反，引入催化剂 Ni 可增加阳极比表面积，并且催化剂 Ni 对燃料具有优良的吸附以及脱附能力，这两者是导致 Ni-LSCrM 性能提升的关键因素。由表 6-2 可知，当CeO_2与 LSCrM 结合后，界面处和 LSCrM 内部的氧空位形成能大幅减小，这意味着形成氧空位更容易。因此，与CeO_2的结合会显著增加 LSCrM 的氧空位浓度，进而提升 LSCrM 的O^{2-}传导能力。这一特性对于硫中毒后的电化学氧化再生过程是极为有利的。

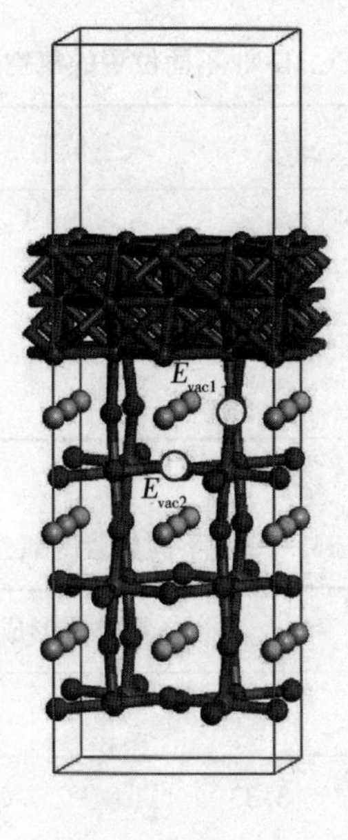

(a)

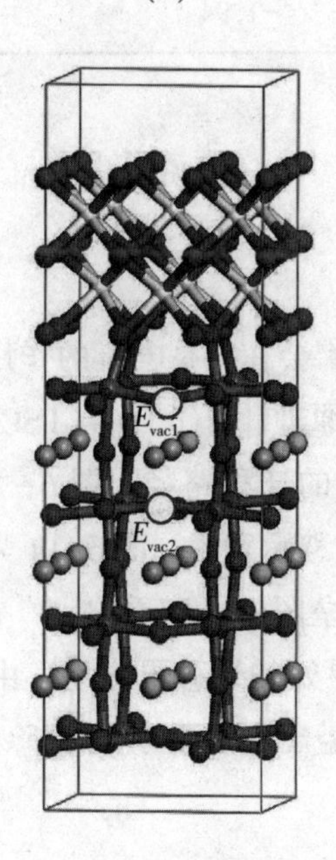

(b)

图 6-12　晶格和晶界氧空位示意图

(a) LSCrM-Ni; (b) LSCrM-CeO_2

表 6-1 LSCrM-Ni 不同位置的氧空位形成能

结构	氧空位形成能/eV	
	E_{vac1}	E_{vac2}
LSCrM	2.77	2.47
Ni+LSCrM	2.54	2.43

表 6-2 LSCrM-CeO_2 不同位置的氧空位形成能

结构	氧空位形成能/eV	
	E_{vac1}	E_{vac2}
LSCrM	3.33	3.16
CeO_2+LSCrM	-1.94	-1.64

6.4.3 O^{2-}迁移路径

在电化学氧泵过程中,O^{2-}会在氧泵电流的作用下,从阴极侧通过电解质运输至阳极。本节通过第一性原理计算了 O^{2-}在 LSCrM 基复合阳极晶格内部和晶界处的迁移势垒,明确了 O^{2-}的迁移路径。图 6-13 为 O^{2-}在 LSCrM 阳极晶格(路径Ⅰ)和晶界(路径Ⅱ)迁移示意图。图 6-14 为 O^{2-}在 LSCrM 阳极晶格和晶界处的迁移势垒。从迁移势垒图中可以看出,O^{2-}在 LSCrM 阳极晶格内的迁移活化势垒较小,相比于在晶界处的迁移更容易。由此可推断,在电化学氧泵过程中,O^{2-}容易通过晶格通道溢出到表面,从而清除阳极表面吸附硫和硫化物。

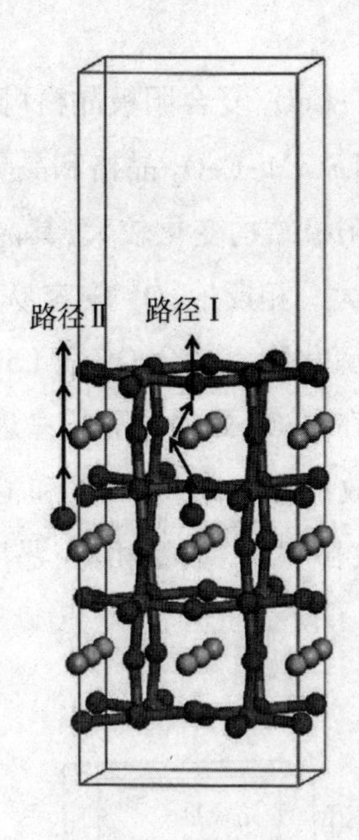

图 6-13　O^{2-} 在 LSCrM 晶格和晶界处的迁移路径

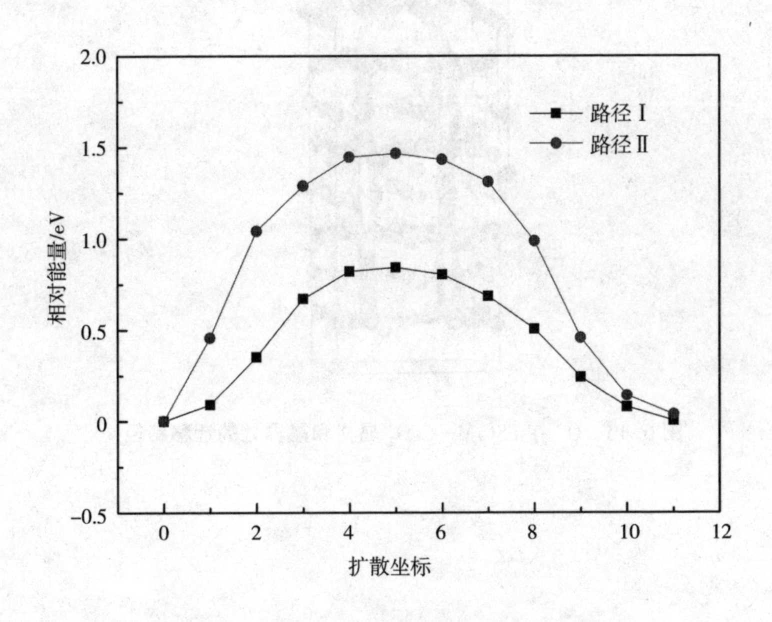

图 6-14　O^{2-} 在 LSCrM 晶格和晶界处的迁移势垒

图 6-15 为 O^{2-}在 LSCrM-CeO_2 复合阳极晶格(路径Ⅲ)和晶界(路径Ⅳ)迁移示意图,图 6-16 为 O^{2-}在 LSCrM-CeO_2 晶格和晶界处的迁移势垒。从迁移势垒图可以看出,CeO_2 复合后阳极结构变化较大,其晶格间隙尺寸变小,导致 O^{2-}在晶格内的迁移活化势垒较大。相反地,O^{2-}较容易从晶界溢出到表面,从而首先实现清除晶界处吸附硫和硫化物。结合 O^{2-}在 LSCrM-CeO_2 复合阳极不同区域的迁移势垒可以看出,O^{2-}在 CeO_2 处的迁移势垒远低于在 LSCrM 处的迁移势垒。这是由于 CeO_2 具有开放的萤石结构,Ce^{4+}和 O^{2-}的配位数分别为 8 和 4,O^{2-}堆积形成的 8 配位空间数目和 O^{2-}数目相等,晶胞中 O^{2-}六面体有较大的空隙,这些空隙为 O^{2-}扩散提供了便利通道。

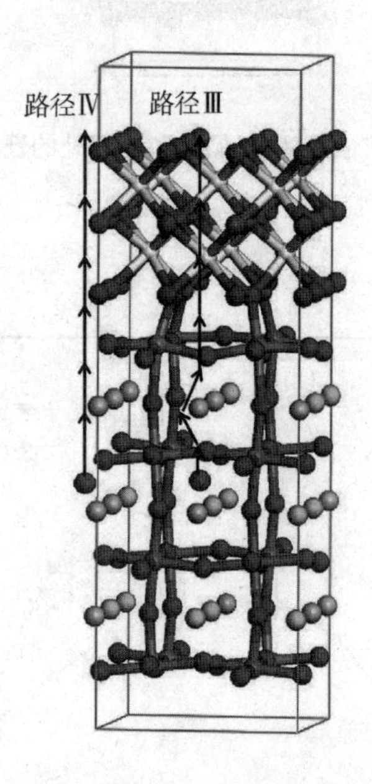

图 6-15　O^{2-}在 LSCrM- CeO_2 晶格和晶界处的迁移路径

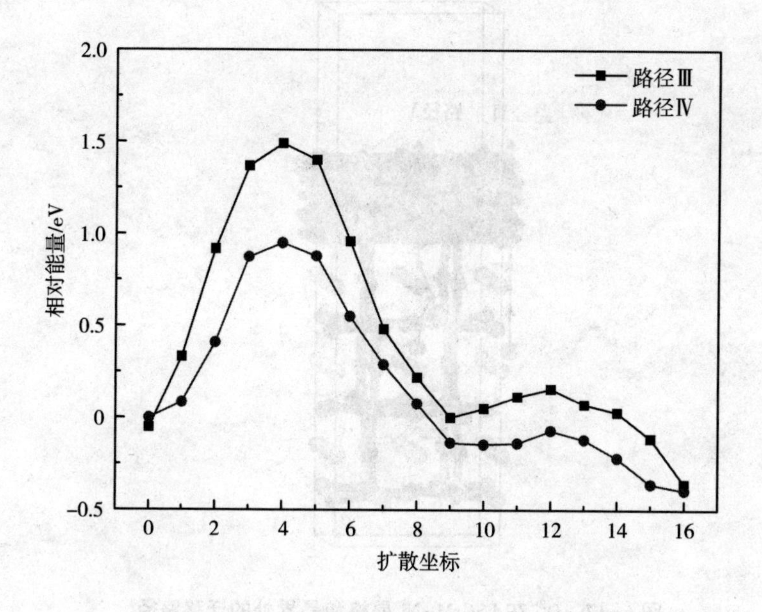

图 6-16　O^{2-} 在 LSCrM-CeO_2 晶格和晶界处的迁移势垒

图 6-17 为 O^{2-} 在 LSCrM-Ni 复合阳极晶格(路径Ⅴ)和晶界(路径Ⅵ)的迁移示意图,图 6-18 为 O^{2-} 在 LSCrM-Ni 晶格和晶界处的迁移势垒。从迁移势垒图中可以看出,Ni 复合并没有明显改变复合阳极的晶格结构,O^{2-} 在晶格内的迁移活化能较小,因此比在晶界处扩散更容易。由此可推断,在电化学氧泵过程中,O^{2-} 容易从晶格通道溢出到表面,从而实现清除阳极表面吸附硫和硫化物。结合 O^{2-} 在 LSCrM-Ni 复合阳极不同区域的迁移势垒可以看出,O^{2-} 在 Ni 处的迁移势垒高于在 LSCrM 处的迁移势垒。这是由于 Ni 作为纯金属材料,其 O^{2-} 传输能力远弱于电子运输能力。

图 6-17　O^{2-} 在 LSCrM-Ni 晶格和晶界处的迁移路径

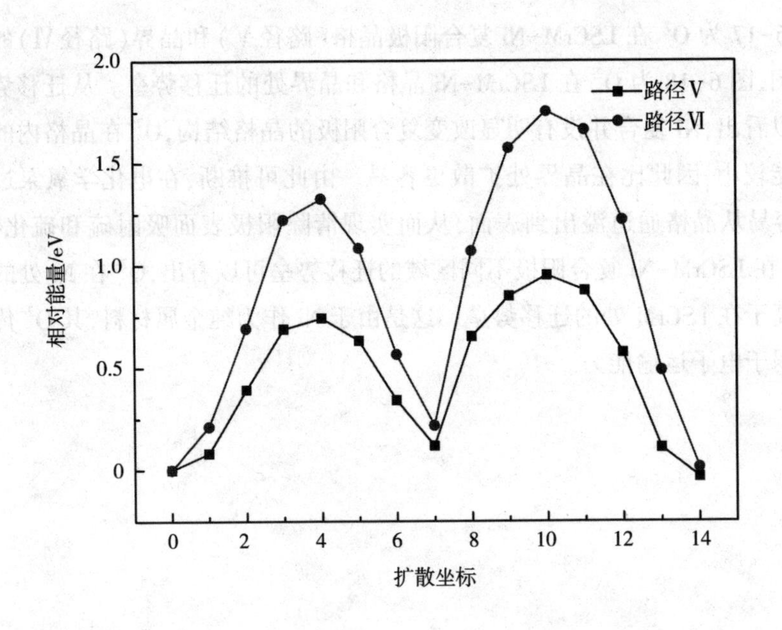

图 6-18　O^{2-} 在 LSCrM-Ni 晶格和晶界处的迁移势垒

6.4.4 电化学氧化和化学氧化反应自由能

在电化学氧泵过程中,O^{2-} 在氧泵电流的作用下,由阴极经电解质被运输到阳极,并在阳极处原位置换金属硫化物中的硫离子。然而,从理论上讲,O^{2-} 也有可能失电子被氧化为 O_2。O_2 在高温下可与吸附硫和金属硫化物发生化学氧化还原反应,将吸附硫和硫化物氧化为 SO_2、金属氧化物等,从而实现化学氧化除硫目的。然而,在电化学氧泵过程中,电化学氧化除硫和化学氧化除硫的主导地位尚不明确。因此,本节通过计算各种不同硫中毒产物与 O_2 反应的活化能,以及金属硫化物中硫离子被 O^{2-} 原位置换的活化能,明确电化学氧泵过程中化学氧化和电化学氧化除硫的主导地位,并进一步明确不同硫中毒产物的氧化再生顺序。

本节选择三个典型的硫中毒产物:MnS、NiS、Ce_2O_2S,作为研究对象,并分别计算式(6-1)至式(6-3)三个电化学反应的活化能。

$$O^{2-}+MnS \longrightarrow MnO+S^{2-} \tag{6-1}$$

$$O^{2-}+NiS \longrightarrow NiO+S^{2-} \tag{6-2}$$

$$2O^{2-}+Ce_2O_2S \longrightarrow 2CeO_2+S^{4-} \tag{6-3}$$

图 6-19 是 MnS、NiS 和 Ce_2O_2S 分别在 LSCrM(100)、Ni(111)、CeO_2(111)晶面上发生反应的活化能垒。由其可知,式(6-1)反应在 LSCrM(100)晶面发生的活化能垒为 0.12 eV,由于在 LSCrM (100)晶面的上产物的单点能高于过渡态,因此还需要再提供一部分能量才能完成反应,总能量为 0.16 eV;式(6-2)反应在 Ni(111)晶面发生的活化能垒为 0.52 eV;式(6-3)反应在 CeO_2(111)晶面发生的活化能垒为 0.82 eV。由此可见,在电化学除硫过程中,MnS 是最先可被再生的硫中毒产物,其次为 NiS,再次为 Ce_2O_2S。因此,在安全电化学氧泵电流密度范围内,可以适当延长氧泵时间,从而清除全部硫中毒产物。

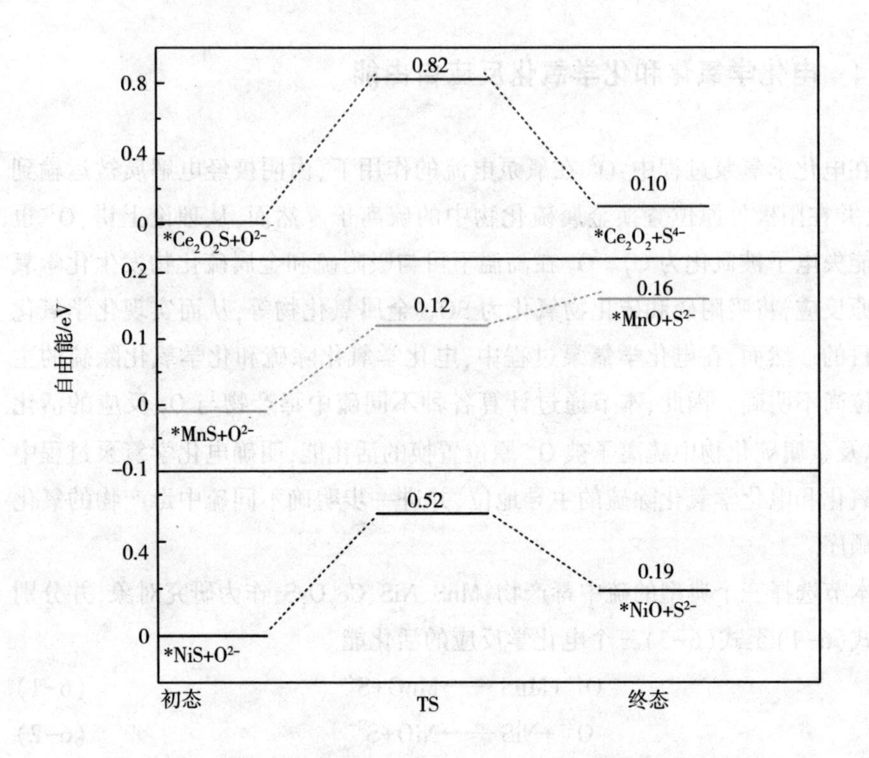

图 6-19 不同硫中毒产物电化学氧化反应的活化能垒

本节又分别计算了 O^{2-} 在 LSCrM(100)、Ni(111)、CeO_2(111) 晶面处失电子被氧化为 O_2 的反应活化能，并进一步计算了 MnS、NiS、Ce_2O_2S 分别与 O_2 发生氧化还原反应的反应活化能垒。图 6-20 是不同硫中毒产物化学氧化反应的活化能垒。由其可知，在 Ni(111) 表面，O^{2-} 被电化学氧化为 O_2 的反应活化能为 2.11 eV，随后 O_2 进一步与 NiS 发生氧化还原反应的活化能为 1.11 eV；在 LSCrM(100) 表面，O^{2-} 被电化学氧化为 O_2 反应的活化能为 1.02 eV，而 O_2 进一步与 MnS 发生氧化还原反应的活化能为 1.20 eV；在 CeO_2(111) 表面，O^{2-} 被电化学氧化为 O_2 反应的活化能为 1.53 eV，而 O_2 进一步与 Ce_2O_2S 发生氧化还原反应的活化能为 1.80 eV。由此可见，O^{2-} 在以上硫中毒产物表面失电子被氧化为 O_2 的活化能均大于其原位置换硫中毒产物中硫离子的反应活化能。根据这些计算结果可知，电化学氧泵过程中基本不会发生化学氧化过程，而 O^{2-} 电化学原位置换硫离子是硫中毒产物被清除的根本原因。

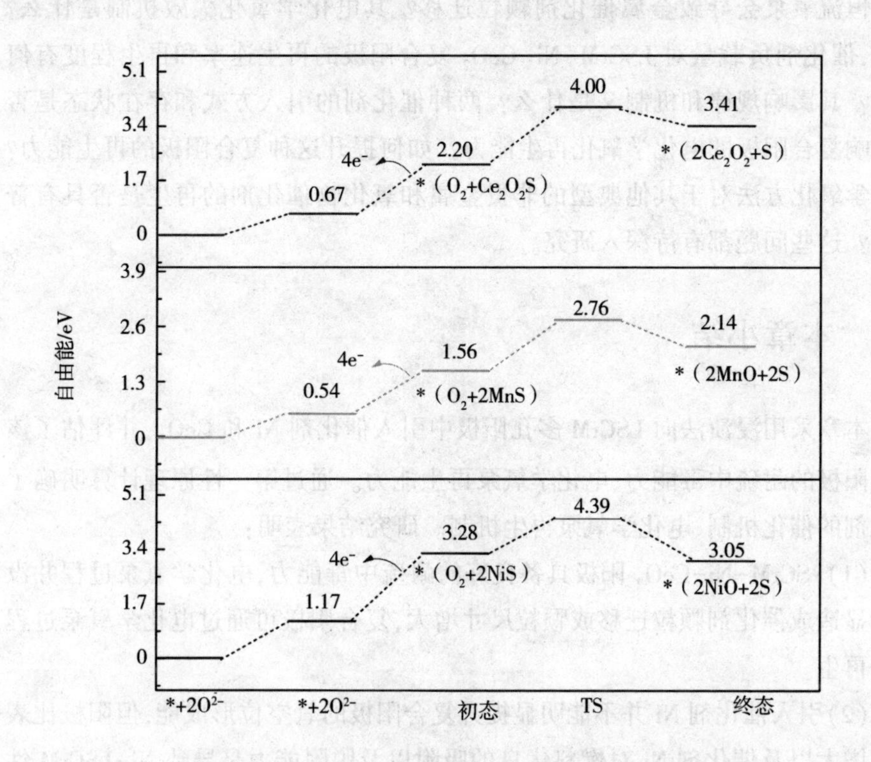

图 6-20　不同硫中毒产物化学氧化反应自由能变化

虽然在氧泵过程中基本不可能发生化学氧化反应，但是通过以上氧化还原反应活化能结果可知：在硫毒化后通入 O_2 进行化学氧化时，可被再生的硫中毒产物依次是 MnS、NiS 和 Ce_2O_2S。因此，当 O_2 通入量不足时，可以适当延长氧泵时间，以清除全部硫中毒产物；而当 O_2 通入量充足时，三种硫中毒产物均可较快速地被氧化。

虽然以上工作初步构筑了具备电化学氧化再生能力的金属基复合阳极，基本解决了金属修饰的氧化物复合阳极不具备电化学氧化再生能力的问题，分析了相关物理/化学再生机制，并为解决金属-氧化物复合阳极硫中毒-再生问题提供了新的思路和方法,但是与纯 LSCrM 阳极可在电化学氧化过程中完全恢复性能以及进一步活化的效果相比,LSCrM-Ni-CeO_2 复合阳极的电化学氧化再生能力仍有待提升,同时还有一些毒化-再生问题尚未明确。例如,为何在 Ar 气氛中恒流氧泵会导致金属催化剂颗粒迁移?其电化学氧化失效机制是什么?此外,催化剂负载量对 LSCrM-Ni-CeO_2 复合阳极的再生速率和再生程度有何影响?其影响规律和机制又是什么?两种催化剂的引入方式和存在状态是否会影响复合阳极的电化学氧化再生能力?如何提升这种复合阳极的再生能力?电化学氧化方法对于其他典型的非贵金属和氧化物催化剂的再生是否具有普适应?这些问题都有待深入研究。

6.5 本章小结

本章采用浸渍法向 LSCrM 多孔阳极中引入催化剂 Ni 和 CeO_2,并评估了该复合阳极的耐硫中毒能力、电化学氧泵再生能力。通过第一性原理计算明确了催化剂的催化机制、电化学氧泵再生机制。研究结果表明:

(1)LSCrM-Ni-CeO_2 阳极具备良好的耐硫中毒能力,电化学氧泵过程并没有明显造成催化剂颗粒迁移或颗粒尺寸增大,复合阳极可通过电化学氧泵过程获得再生。

(2)引入催化剂 Ni 并不能明显提升复合阳极的氧空位形成能,但阳极比表面积增大以及催化剂 Ni 对燃料优良的吸附以及脱附能力是导致 Ni-LSCrM 性能提升的主要原因。而引入 CeO_2 可增加复合阳极的氧空位浓度,提升复合阳极的 O^{2-} 传导能力,进而增强复合阳极的电化学氧泵再生能力。

(3)O^{2-} 电化学原位置换硫离子的反应活化能(电化学氧泵氧化再生)以及 O_2 与硫中毒产物的氧化还原反应活化能(化学氧化再生)的计算结果表明,MnS 是最先可被再生的硫中毒产物,其次为 NiS,再次为 Ce_2O_2S。

(4)O^{2-} 在硫中毒产物表面失电子被氧化为 O_2 的活化能均高于其原位置换硫中毒产物中硫离子的反应活化能,因此,在电化学氧泵过程中,基本不会发生化学氧化过程。O^{2-} 电化学原位置换硫离子是硫中毒产物得以清除的根本原因。

第 7 章　$Ni-CeO_2$ 复合电极材料的可控制备和电解水催化性质研究

7.1　引言

固体氧化物燃料电池和碱性电解水制氢技术,这两种关键的能源技术,在能源领域各自发挥着独特作用。尽管固体氧化物燃料电池和碱性电解水制氢在能源系统中扮演着不同的角色,但二者之间存在着紧密的联系。从能源转换的角度来看,固体氧化物燃料电池能够将燃料中的化学能直接转换为电能,而碱性电解水制氢技术则能将电能转换为氢能。这种互补性使得二者在能源系统中可以相互协作,共同提升能源的使用效率。同时,从能源存储的角度考虑,碱性电解水制氢产生的氢气可以作为固体氧化物燃料电池的理想燃料,从而实现能源的灵活存储与高效再利用。这种能源存储方式不仅有助于缓解可再生能源的间歇性和波动性问题,还能显著提升能源系统的稳定性和可靠性。此外,二者在材料和技术层面也存在着交集。例如,二者在电极材料的选择上都需要具备优异的电子/离子传导性能和长期稳定性,这种相似性为双方的技术交流和合作创造了可能。

本章在第 6 章的基础上,以 Ni 和 CeO_2 为研究对象,采用水热法制备具有不同状态的 Ni 和 CeO_2 复合电极材料。通过改变水热前驱体溶液中催化剂的浓度,制备具有不同催化剂含量和形态的电解水电极材料。通过电化学测试手段,初步探究催化剂材料在析氢、析氧以及全解水过程中的性能变化趋势,并对其催化机制进行深入分析与探讨。主要研究内容包括以下两个方面。

1. 采用水热法制备 NiO@ NF 电极和 Ni@ NF 电极,并深入探讨它们的析氢性能。首先,分析过渡金属 Ni 在 NF 上的不同存在形式对催化电极析氢反应的影响。其次,进一步探讨催化剂 Ni 在 NF 上的含量对析氢性能的影响。最后,构建 CeO_2@ Ni@ NF 电极,并研究稀土金属氧化物 CeO_2 修饰的 Ni 基催化剂的析氢反应催化性能。

2. 通过水热法制备 CeO_2 修饰的 Ni 基电极,并详细讨论它的析氧性能。首先,构建 CeO_2@ NiO@ NF 和 CeO_2@ Ni@ NF 电极,并探讨稀土金属氧化物 CeO_2 修饰不同状态的催化剂 Ni 对其析氧性能的影响。其次,对 CeO_2@ Ni@ NF 电极进行全解水性能测试,以评估该复合电极的长期稳定性。

7.2 Ni 基电极的制备与析氢性能

目前,贵金属被认为是最好的电解水催化电极材料,但其储量低、成本高,导致其不能被大规模应用。而过渡金属 Ni 因其催化性质良好、储量高、成本低等优势而被广泛研究。过渡金属 Ni 的最外层 3d 轨道存在两个未成对电子,这些电子可以与氢原子的 1s 轨道上的电子相互作用,形成稳定的电子对结构。其特殊的原子结构有利于 H^+ 吸附在电极材料上,也能促进 H_2 更快地脱离电极表面。本章以 NF 为基底,利用水热法在 NF 上合成 NiO、Ni 以及高负载量的催化剂 Ni,并利用 CeO_2 修饰电极材料,希望能够以此获得析氢性能优异且稳定性良好的催化电极材料,从而推进其大规模应用。

7.2.1 样品制备

首先,将规格为 1.0 cm×1.5 cm 的 NF 基底在稀盐酸中超声清洗 30 min。其次,用丙酮、乙醇、去离子水重复上述清洗步骤以去除表面杂质。然后,放入鼓风烘干箱中在 120 ℃下烘干 120 min。烘干后取出放入瓷舟中,再放入管式炉中进行氧化还原处理,先在 900 ℃ O_2 气氛中氧化 120 min,氧化后通 30 min Ar 气体排净管内 O_2,再在 750 ℃ H_2 气氛中还原 120 min,还原结束后等待其温度降到室温再取出。接着,配制 10 mL 浓度为 0.1 mol · L^{-1} 的 $Ni(NO_3)_2$ 溶液,与 NF 一同放入反应釜中,然后将反应釜放入鼓风烘干箱中,在 150 ℃下等待 12 h 后取出。用乙醇和去离子水多次冲洗电极以去除电极表面上的残留离子。随后,放入鼓风烘干箱在 60 ℃下烘干 2 h 以得到 NiO@ NF 电极。之后,将样品放入管式炉中进行还原处理,在 750 ℃ H_2 气氛中还原 120 min 后得到 Ni@ NF 电极材料。另外,通过配制 10 mL 浓度为 0.5 mol · L^{-1} 的 $Ni(NO_3)_2$ 溶液,利用水热法在 NF 上合成,再进行还原可得到高负载量的 Ni@ NF 电极材料。

7.2.2 电化学测试

通过电化学工作站完成析氢反应(HER)的电化学实验,测试采用三电极系统,该系统包括工作电极、对电极和参比电极。在此系统中,选取碳棒作为对电极,Hg/HgO 作为参比电极,制备的复合材料作为工作电极,电解液为 1 mol · L^{-1} 的 KOH 溶液,保持工作电极在电解液中的工作面积为 1.0 cm×1.0 cm。在循环伏安法(CV)测试中,选择的电压范围为-0.8~-1.6 V,并在 0.100 V · s^{-1} 扫描速率下扫描 30 圈以使电极达到稳定状态。线性扫描伏安曲线测试同样在-0.8~-1.6 V 的电压范围内进行,但扫描速率为 0.005 V · s^{-1}。选取电流密度为-20 mA · cm^{-2} 时的电压 U_1 作为电化学阻抗谱的测试电压。10^5 Hz 为阻抗测试频率上限,0.01 Hz 为阻抗测试频率下限。在不同扫描速率下,利用循环伏安法测试 CV 循环曲线,电压范围设定为-0.8~-0.9 V,扫描速率从高到低分别为 0.050 V · s^{-1}、0.040 V · s^{-1}、0.030 V · s^{-1}、0.020 V · s^{-1}、0.010 V · s^{-1}。

对于 HER 的稳定性测试,我们采用以下步骤:首先,在-0.8~-1.6 V 的电压范围,0.005 V · s^{-1} 的扫描速率下测试线性扫描伏安曲线。随后,进行 2 000 圈 CV 循环,电压范围为-0.8~-1.6 V,扫描速率为 0.100 V · s^{-1},总时间为 32 000 s。CV 循环结束后,再次测试线性扫描伏安曲线以评估电极的稳定性。

图 7-1(a)是镍基电极的阻抗谱。由于 Ni 具有良好的电子传输能力,可加速析氢反应过程中的电荷转移速率,因此相比于 NiO@ NF,Ni@ NF 电极的析氢反应极化电阻较小。图 7-1(b)是镍基电极的线性扫描伏安曲线,当电流密度为 100 mA · cm^{-2} 时,NiO@ NF 电极和 Ni@ NF 电极的过电位分别为 1.366 V 和 1.333 V。这是由于 Ni 不仅具备优秀的电子传输能力,还具备出色的氢及其中间体吸附能力,为氢还原提供了活性位点,进而降低了反应所消耗的能量,使得析氢反应在 Ni@ NF 电极上更容易发生。

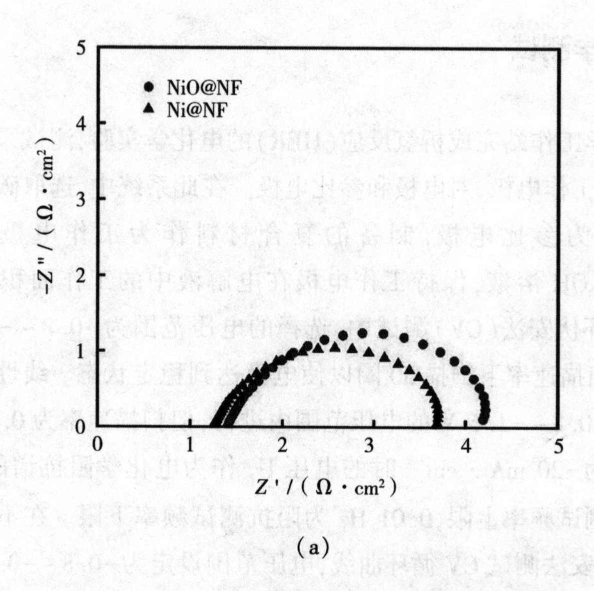

(a)

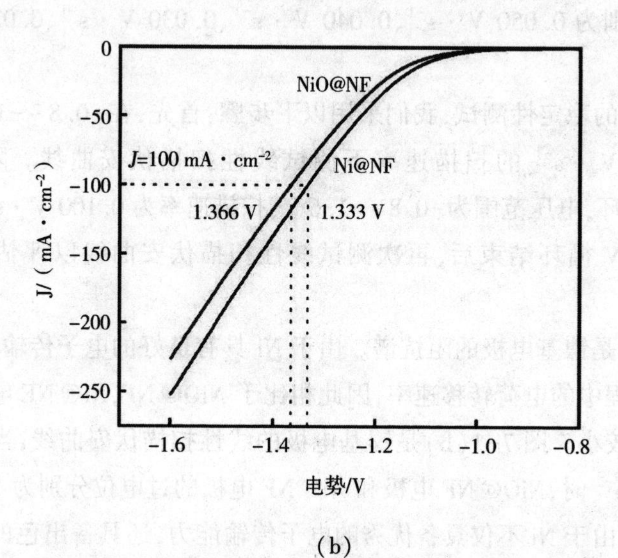

(b)

图 7-1　镍基电极的(a)阻抗谱和(b)线性扫描伏安曲线

图 7-2(a)是镍基电极的塔菲尔斜率图,其中,NiO@ NF 电极的塔菲尔斜率为 156.12 mV · dec^{-1},而 Ni@ NF 电极的塔菲尔斜率为 129.86 mV · dec^{-1},说明 Ni@ NF 电极具有更快的析氢反应动力学。图 7-2(b)是镍基电极的双电层电容图,从中可以看出,NiO@ NF 电极的双电层电容为 3.94 mF · cm^{-2},而 Ni@ NF 电极的双电层电容为 4.17 mF · cm^{-2},这表明相比于 NiO@ NF,Ni@ NF 电极可提供的有效催化活性位点更多。Ni@ NF 电极具备出色的电子输运能力和优异的氢中间体吸附能力,可促进电子传输速率,从而加速氢还原反应。此外,其较大的电化学比表面积也为析氢反应提供了更多的反应位点,可进一步促进析氢反应进行。相比之下,NiO 因为不具备电子传输能力且氢吸附能力较弱,所以不是优秀的析氢材料。然而,NiO 具有 OH^- 吸附能力,这种能力可以通过提升水分解的剪切效应来加速 H^+ 在 NF 表面的吸附,从而轻微提升氢析出速率。然而,这种催化效果较于 Ni 而言仍较为逊色,并且其促进效果还依赖于 NiO 的数量。

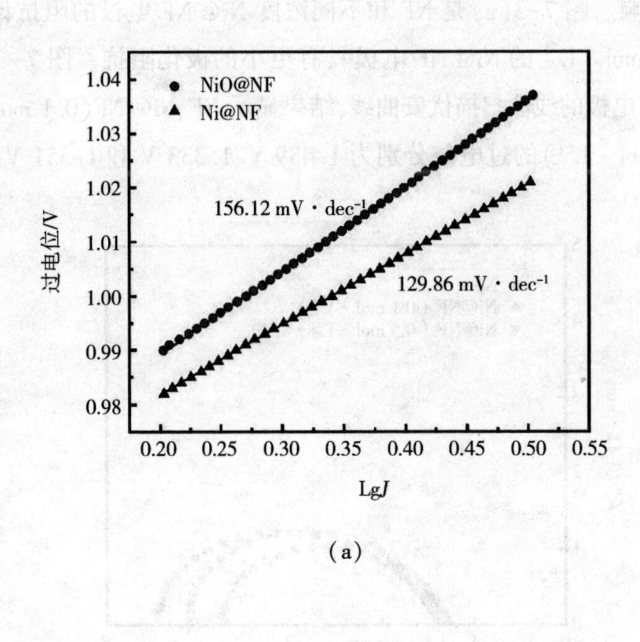

(a)

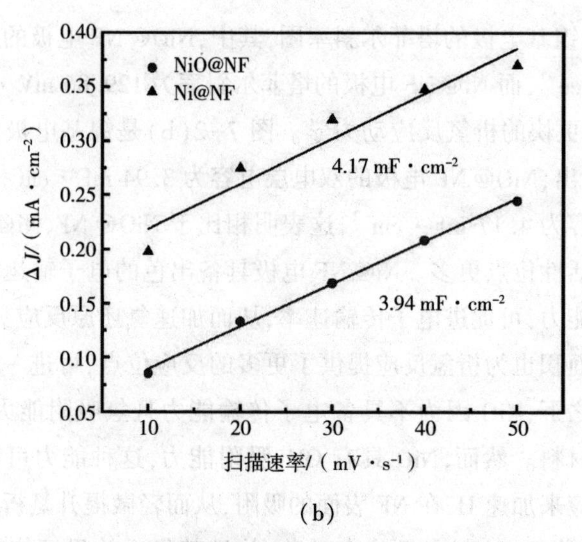

(b)

图 7-2　镍基电极的(a)塔菲尔斜率和(b)双电层电容

由于 Ni 可明显提升碱性电解水析氢反应的活性,下面将讨论 Ni 的含量对析氢活性的影响。图 7-3(a)是 NF 和不同浓度 Ni@ NF 电极的阻抗谱,其中水热条件为 0.1 mol · L^{-1} 的 Ni@ NF 电极具有更小的极化阻抗。图 7-3(b)是不同浓度 Ni@ NF 电极的线性扫描伏安曲线,结果显示 NF、Ni@ NF(0.1 mol · L^{-1})和 Ni@ NF(0.5 mol · L^{-1})的过电位分别为 1.439 V、1.333 V 和 1.351 V。

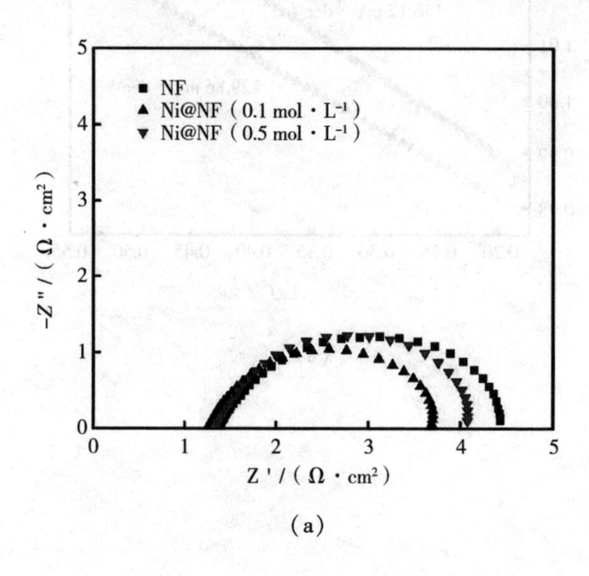

(a)

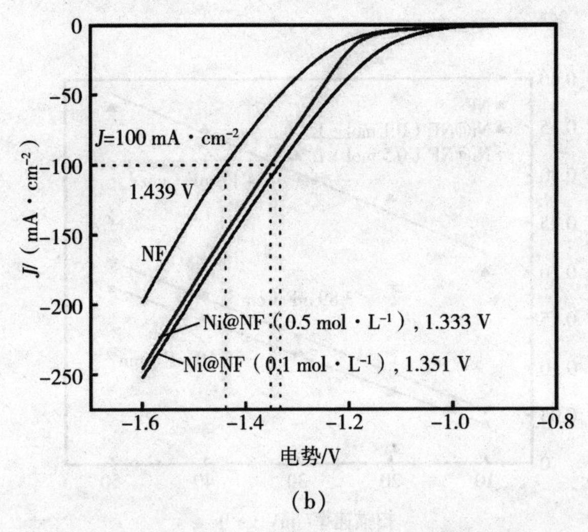

（b）

图 7-3　NF 与不同浓度 Ni@ NF 电极的(a)阻抗谱和(b)线性扫描伏安曲线

进一步地，图 7-4(a)是不同浓度 Ni@ NF 电极的塔菲尔斜率，其中 NF、Ni@ NF(0. 1 mol · L^{-1})和 Ni@ NF(0. 5 mol · L^{-1})电极的塔菲尔斜率分别为 259. 56 mV · dec^{-1}、129. 86 mV · dec^{-1} 和 198. 27 mV · dec^{-1}。图 7-4(b)则是这些电极的双电层电容，对应值分别为 3. 60 mF · cm^{-2}、4. 17 mF · cm^{-2}、3. 89 mF · cm^{-2}。

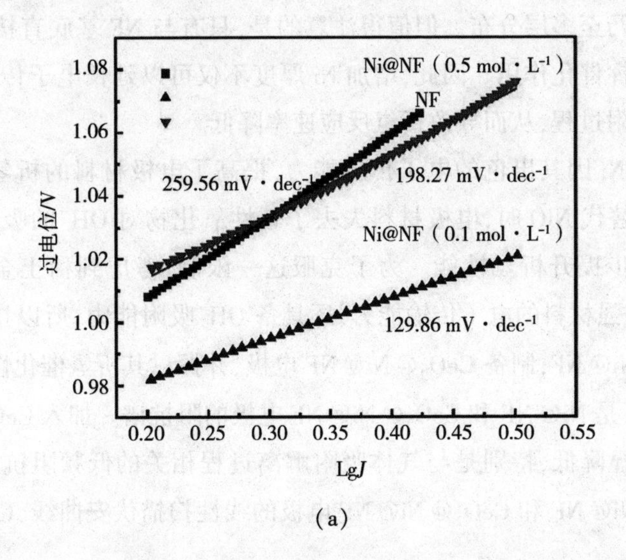

（a）

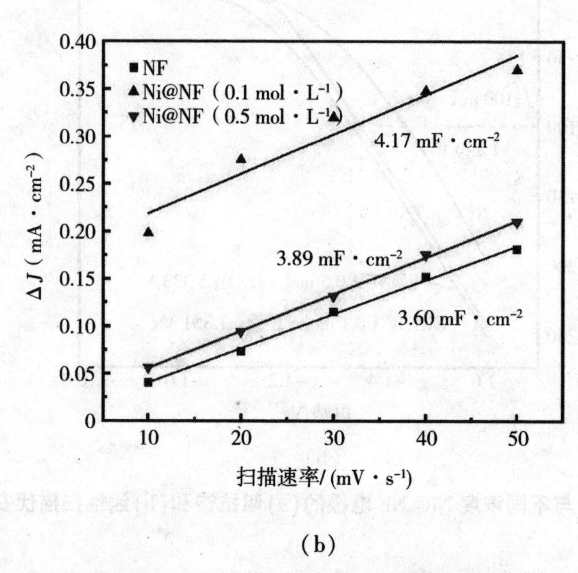

(b)

图 7-4　NF 与不同浓度 Ni@NF 电极的(a)塔菲尔斜率和(b)双电层电容

综合上述电化学测试及拟合结果,可以得出结论:Ni 可以有效降低析氢反应的极化阻抗,加快反应速率,从而提升析氢反应性能。然而,随着 Ni 含量增加,催化能力却呈现下降趋势,尽管如此,其催化性能依然优于纯 NF 基底。分析其原因,推测是随着 Ni 含量增加,NF 基底表面的 Ni 催化剂颗粒从稀疏分布逐渐变为单层乃至多层分布。但值得注意的是,只有与 NF 基底直接接触的 Ni 颗粒才可以发挥催化作用。因此,增加 Ni 厚度不仅可以延长电子传输路径,还会阻碍氢气脱附过程,从而导致析氢反应速率降低。

过渡金属 Ni 因其出色的电子传输能力,提高了电极材料的析氢性能。然而,当采用 Ni 替代 NiO 时,电极材料失去了碱性氧化物对 OH^- 的吸附能力,这限制了其进一步提升析氢性能。为了克服这一限制,考虑到稀土金属氧化物 CeO_2 不仅能增强材料的电子传输能力,还具备 OH^- 吸附能力,所以接下来将利用 CeO_2 修饰 Ni@NF,制备 CeO_2@Ni@NF 电极,并探讨其析氢催化性能。

图 7-5(a)是 Ni@NF 和 CeO_2@Ni@NF 电极的阻抗谱。加入 CeO_2 后,电极的极化阻抗明显降低,特别是与气体吸附解离过程相关的低频阻抗显著降低。图 7-5(b)是 Ni@NF 和 CeO_2@Ni@NF 电极的线性扫描伏安曲线,CeO_2@Ni@

NF 电极的过电位为 1.322 V,而 Ni@ NF 电极的过电位为 1.332 V。这表明 CeO_2@ Ni@ NF 电极在析氢反应上需要额外施加的电压更低,且在大电流密度下,CeO_2@ Ni@ NF 具有更明显的低电压优势,说明析氢反应在 CeO_2@ Ni@ NF 电极上更容易发生。

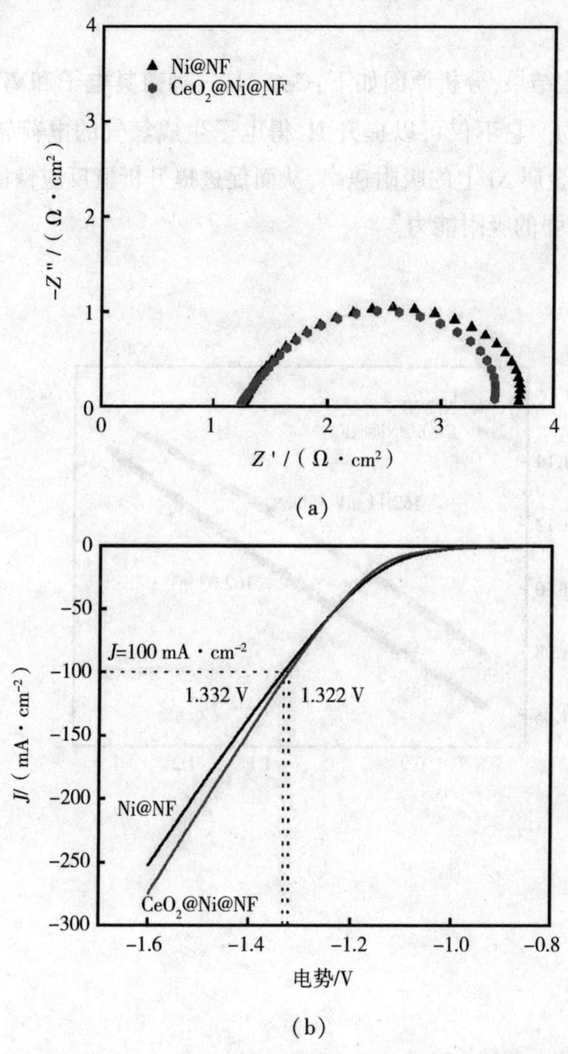

图 7-5　Ni@ NF、CeO_2@ Ni@ NF 电极的(a)阻抗谱和(b)线性扫描伏安曲线

图 7-6(a)是 Ni@ NF 和 CeO_2@ Ni@ NF 电极的塔菲尔斜率图。其中,Ni@

NF、CeO_2@Ni@NF 电极的塔菲尔斜率分别为 162.03 mV·dec^{-1} 和 152.11 mV·dec^{-1},这表明 CeO_2@Ni@NF 电极具有较快的析氢速率。图 7-6(b)是 Ni@NF、CeO_2@Ni@NF 电极的双电层电容图。其中,Ni@NF 和 CeO_2@Ni@NF 电极的双电层电容分别等于 4.17 mF·cm^{-2} 和 9.75 mF·cm^{-2},这表明 CeO_2 可以显著增大电极的电化学比表面积,为析氢反应提供更多的催化活性位点。

基于以上实验结果,分析原因如下:CeO_2 是一种兼具电子和离子传输能力的稀土金属氧化物。它不仅可以提升 H^+ 得电子生成氢气的电荷转移速率,而且可以加速 H^+ 在金属 Ni 上的吸附速率,从而促进提升析氢反应性能,因为 OH^- 在 CeO_2 表面有较强的吸附能力。

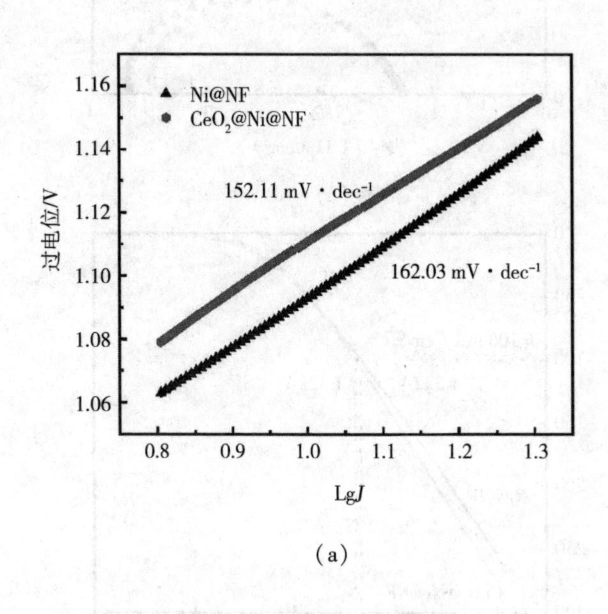

(a)

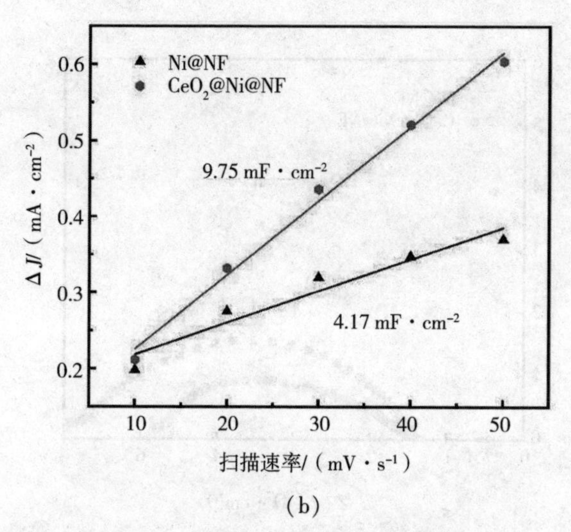

(b)

图 7-6　Ni@ NF、CeO_2@ Ni@ NF 电极的(a)塔菲尔斜率和(b)双电层电容

7.3　CeO_2 修饰的 Ni 基电极的析氧性能

鉴于 CeO_2 修饰的 Ni 基复合电极具备优秀的碱性电解水析氢性能,本节将进一步研究其在碱性电解水析氧方面的能力,并综合评估其全解水催化性能。

图 7-7(a)是 CeO_2@ NiO@ NF 和 NF 电极的阻抗谱。由该图可知,CeO_2 和 NiO 的复合结构作为析氢电极,可明显降低电子转移阻抗以及气体吸附/解离阻抗。图 7-7(b)是 CeO_2@ NiO@ NF 和 NF 电极的线性扫描伏安曲线。从图中可以得知,当电流密度达到 50 mA · cm^{-2} 时,两个电极的过电位分别为 1. 721 V 和 1. 745 V,这表明析氧反应在 CeO_2@ NiO@ NF 电极上更容易发生。

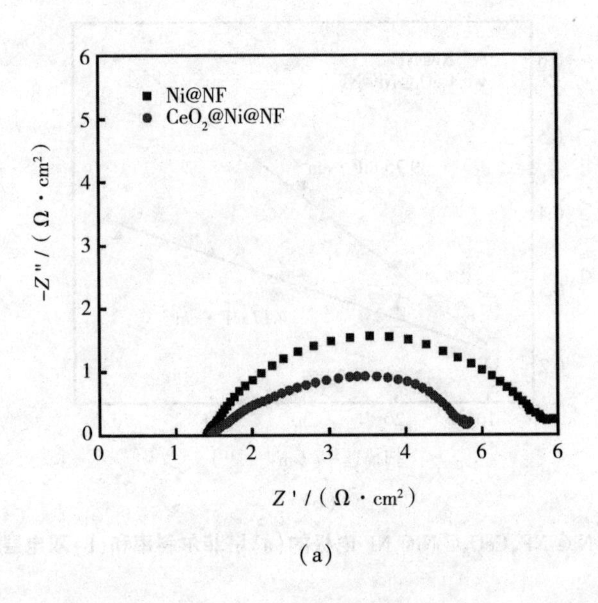

(a)

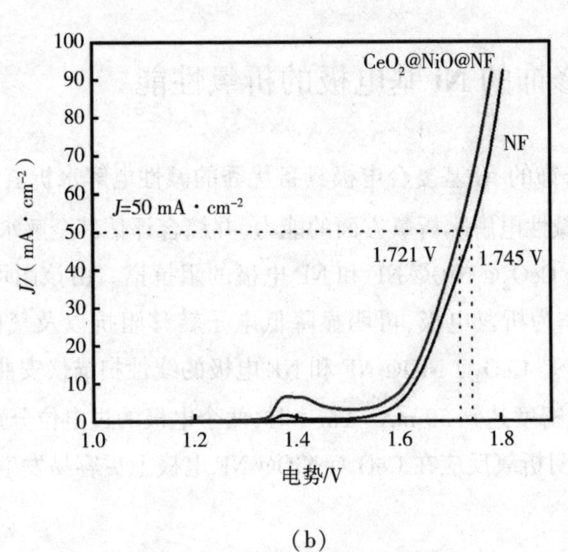

(b)

图 7-7　CeO_2@ NiO@ NF 电极的(a)阻抗谱和(b)线性扫描伏安曲线

图 7-8(a)是 CeO_2@ NiO@ NF 和 NF 电极的塔菲尔斜率，两电极的塔菲尔斜率分别为 189.23 $mV \cdot dec^{-1}$ 和 212.93 $mV \cdot dec^{-1}$，这说明 CeO_2@ NiO@ NF 电极具有较快的析氧速率。图 7-8(b)是 CeO_2@ NiO@ NF 和 NF 电极的双电层

电容,两电极的双电层电容分别为 2.25 mF · cm^{-2}、1.50 mF · cm^{-2},这表明 CeO_2 和 NiO 的复合结构可显著增大电极的电化学比表面积,为析氧反应提供更多的催化活性位点。

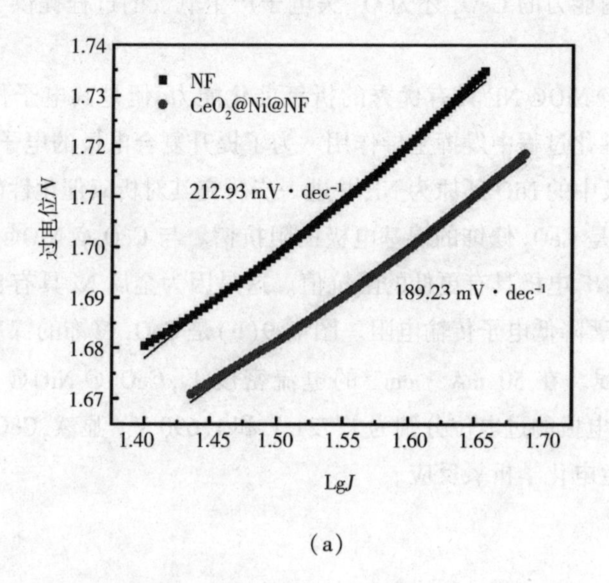

(a)

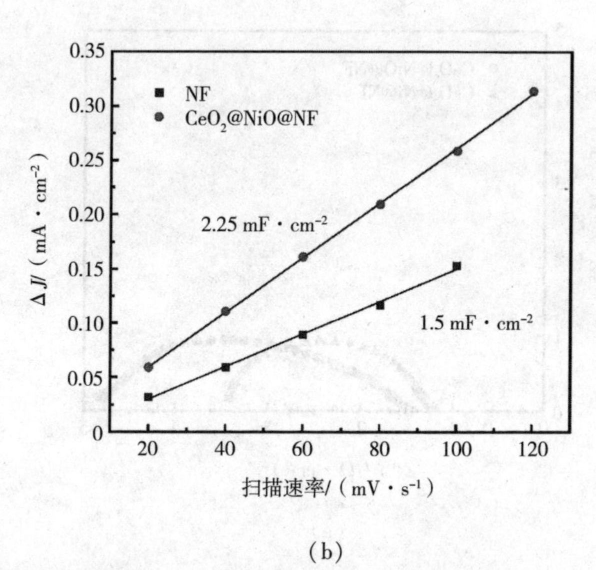

(b)

图 7-8　NF 和 CeO_2@NiO@NF 电极的(a)塔菲尔斜率和(b)双电层电容

针对以上结果,具体原因分析如下:过渡金属氧化物 NiO 具有 O^{2-} 传输能力和氧中间体吸附能力。更重要的是,CeO_2 的出色储氧能力有助于调节其表面的氧空位,同时其表面 O^{2-} 的可逆交换能力增强了对氧中间体的吸附。此外,具有一定电子传输能力的 CeO_2 还为 O^{2-} 失电子产生氧气的过程提供了电子传输通道。

虽然 CeO_2@NiO@NF 具有优秀的析氧催化能力,但是其电子传输能力有限,且 CeO_2 在催化过程中发挥主导作用。为了提升复合电极的电子传输能力,考虑将复合电极中的 NiO 还原为 Ni,并进一步研究其对析氧催化性能的影响。

图 7-9(a)是 CeO_2 修饰的镍基电极的阻抗谱。与 CeO_2@NiO@NF 电极相比,CeO_2@Ni@NF 电极具有更低的阻抗值。这是因为金属 Ni 具有良好的电子传输能力,可显著降低电子传输电阻。图 7-9(b)是 CeO_2 修饰的镍基电极的线性扫描伏安曲线。在 50 $mA \cdot cm^{-2}$ 的电流密度下,CeO_2@NiO@NF 电极和 CeO_2@Ni@NF 电极的过电位分别为 1.721 V 和 1.690 V。显然,CeO_2@Ni@NF 电极更容易发生电化学析氧反应。

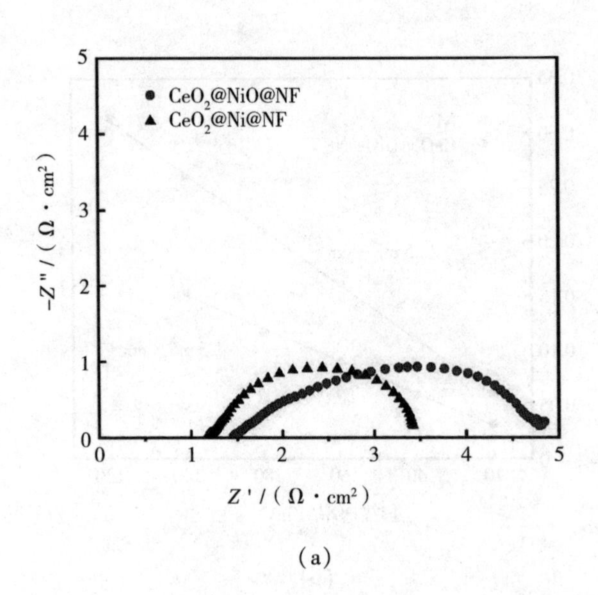

(a)

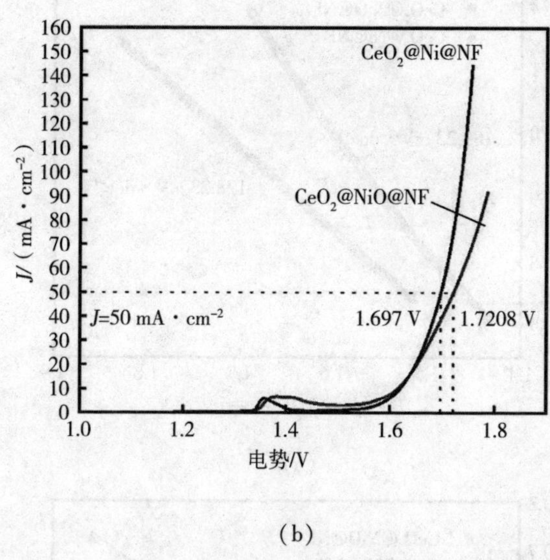

(b)

图 7-9　CeO_2 修饰的镍基电极的(a)阻抗谱和(b)线性扫描伏安曲线

图 7-10(a)是 CeO_2 修饰的镍基电极的塔菲尔斜率。CeO_2@Ni@NF 电极和 CeO_2@NiO@NF 电极的塔菲尔斜率分别为 128.23 mV·dec^{-1} 和 189.23 mV·dec^{-1}。CeO_2@Ni@NF 电极的塔菲尔斜率明显低于 CeO_2@NiO@NF 电极,这表明 CeO_2@Ni@NF 电极具有更快的析氧速率。图 7-10(b)是 CeO_2 修饰的镍基电极的双电层电容。CeO_2@Ni@NF 电极的双电层电容为 5.84 mF·cm^{-2},而 CeO_2@NiO@NF 电极的双电层电容为 2.52 mF·cm^{-2}。这说明用 Ni 代替 NiO 可有效增大催化剂的活性面积,为析氧反应提供更多的反应场所,从而增强了催化剂对析氧反应的催化活性。

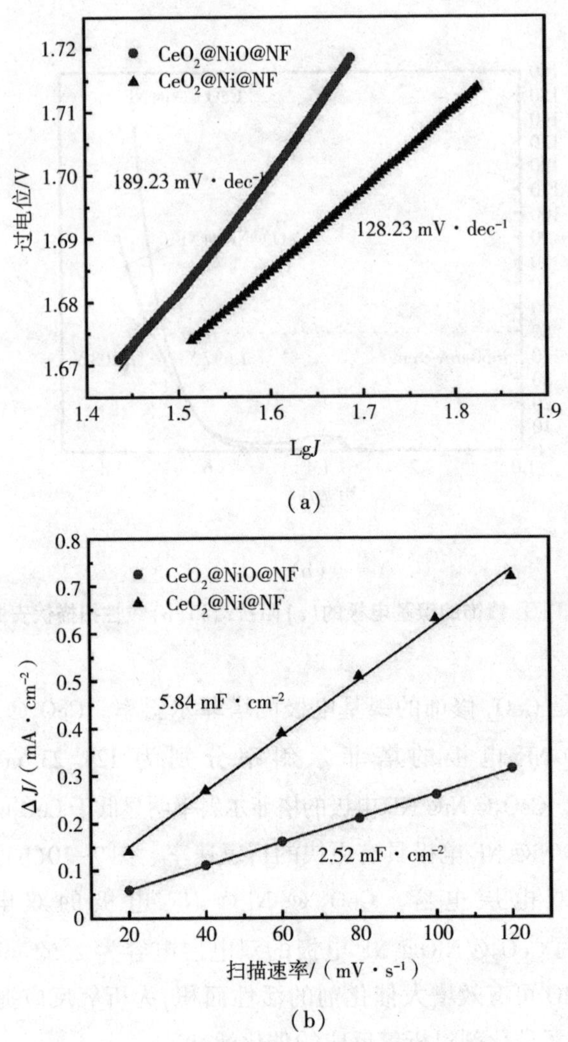

图 7-10　CeO_2 修饰的镍基电极的(a)塔菲尔斜率和(b)双电层电容

图 7-11 是 CeO_2@ Ni@ NF 电极的析氧反应稳定性测试结果。CV 循环前，CeO_2@ Ni@ NF 电极在 50 mA · cm^{-2} 电流密度下的过电位为 1.679 V。经过 2 000 圈 CV 循环后，该电极的过电位增加至 1.714 V。经过约 15 h 的稳定性测试，过电位仅稍有增加，增长率为 2.04 %，这表明 CeO_2@ Ni@ NF 电极具有良好的循环稳定性能。从线性扫描伏安曲线中可明显观察到，经过 2 000 圈 CV 循环后，线性扫描伏安曲线出现了一个比较明显的氧化峰。这可能是由于长时间

的测试导致电极表面催化剂颗粒与 NF 基底之间的接触程度减弱,从而影响了 O^{2-} 失电子被氧化的传质和传输电子过程,使得电极表面的物质和电子供应出现不足。

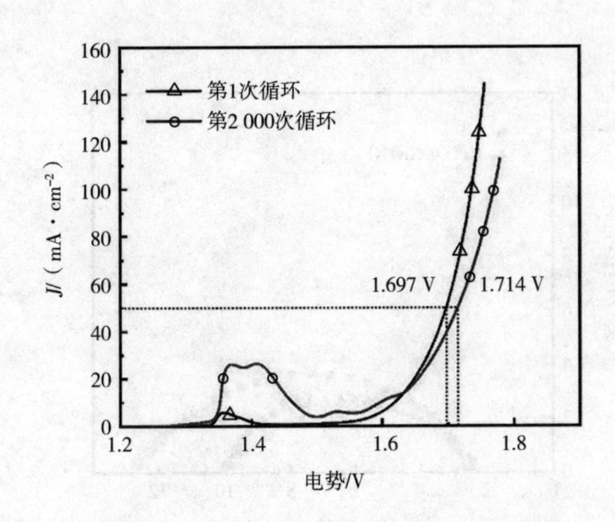

图 7-11　CeO_2@ Ni@ NF 电极的稳定性测试

Ni 优秀的电子传输能力以及 CeO_2 良好的 O^{2-} 传输能力使 CeO_2@ Ni@ NF 电极在析氧和析氧反应中都表现出了优异的催化性能。为了探究 CeO_2@ Ni@ NF 电极的双功能电解水催化性能,下面将 Ni@ CeO_2@ NF 电极同时作为析氢电极和析氧电极,进而探究其全解水性能。

图 7-12(a)是 NF 基底与 CeO_2@ Ni@ NF 电极全解水过程的阻抗谱。与 NF 基底相比,CeO_2@ Ni@ NF 电极的电子传输阻抗和离子迁移阻抗均明显降低。图 7-12(b)是 NF 基底与 CeO_2@ Ni@ NF 电极全解水过程的线性扫描伏安曲线,CeO_2@ Ni@ NF 电极达到 200 mA · cm^{-2}的电流密度仅需过电位 2. 624 V,而 NF 基底所需的过电位为 2. 753 V,说明全解水反应更容易在 CeO_2@ Ni@ NF 电极上发生。图 7-12(c)是 NF 基底与 CeO_2@ Ni@ NF 电极的塔菲尔斜率图,CeO_2@ Ni @ NF 电极、NF 基底的塔菲尔斜率分别为 417. 97 mV · dec^{-1} 和 747. 97 mV · dec^{-1},CeO_2@ Ni@ NF 电极的塔菲尔斜率更小,说明此电极具有较

快的全解水速率。Ni 与 CeO_2 复合材料作为析氢和析氧电极材料时,都可为电子传输提供良好的通道,且 Ni 和 CeO_2 均具备良好的氢中间体和氧中间体吸附能力,可分别为氢中间体和氧中间体提供足够的电化学反应活性位点,从而表现出较优良的全解水能力。

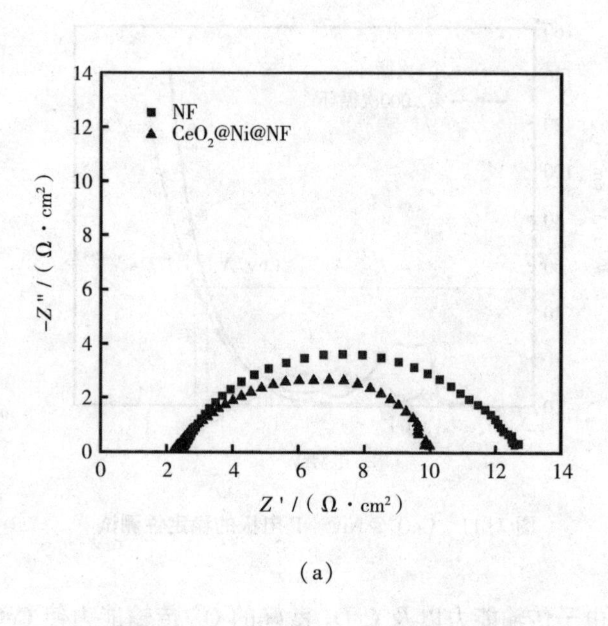

(a)

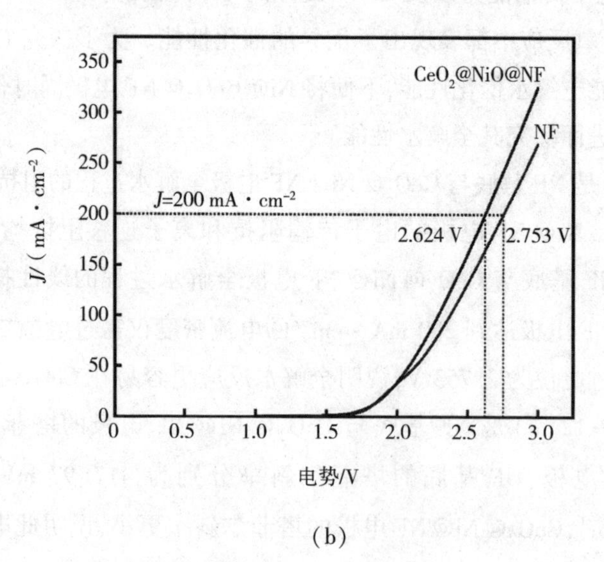

(b)

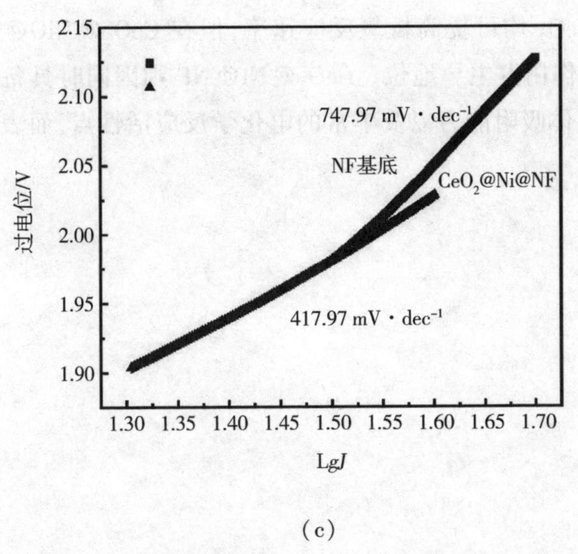

(c)

图 7-12 NF 基底与 CeO_2@ Ni@ NF 电极的(a)阻抗谱、(b)线性扫描伏安曲线与(c)塔菲尔斜率

7.4 本章小结

本章以过渡金属 Ni 基复合稀土金属 Ce 的氧化物为研究对象，通过水热法制备 Ni 和 CeO_2 复合的材料，进一步对催化剂的活性进行了研究。现将主要的研究内容总结如下：

(1)NiO 对氢及中间产物的吸附能力较弱，且不具备电子传输能力，因此，NiO@ NF 并不会加速析氢反应的两电子过程。然而，NiO 对 OH^-有较强的吸附能力，当 H_2O 吸附在过渡金属氢氧化物和 NF 的界面处时，H_{ads} 吸附在 NF 侧，而 OH^-则吸附在 NiO 侧。这种吸附方式对水分解具有很强的促进作用，从而提高了析氢反应速率。另一方面，Ni 具有优良的氢吸附能力及电子输运能力，因此 Ni@ NF 复合电极可显著提高析氢反应速率。但是过多的 Ni 颗粒会增加电子传输路径以及阻碍氢气脱附过程，进而影响析氢反应速率。由于 CeO_2 兼备电子和 O^{2-}输运能力、氢和 OH^-吸附能力，因此 CeO_2@ Ni@ NF 复合电极能加速析氢反应过程中的电荷转移和析氢中间体转换。

(2)NiO 与 CeO_2 均可提高析氧反应速率,但在 CeO_2@NiO@NF 电极中,CeO_2 的析氧催化作用占主导地位。CeO_2@Ni@NF 则因同时具备优秀的电子传输能力、氧中间体吸附能力以及丰富的电化学反应活性点,而表现出了突出的析氧催化性能。

参考文献

[1]衣宝廉. 燃料电池——原理·技术·应用[M]. 北京:化学工业出版社,2003.

[2]韩敏芳,彭苏萍. 固体氧化物燃料电池材料及制备[M]. 北京:科学出版社,2004.

[3]詹姆斯·拉米尼,安德鲁·迪克斯. 燃料电池系统——原理·设计·应用[M]. 北京:科学出版社,2006.

[4]毕道治. 中国燃料电池的发展[J]. 电源技术,2000,24(2):103-107.

[5]BADWAL S P S, FOGER K. Solid oxide electrolyte fuel cell review[J]. Ceramics International, 1996, 22(3): 257-265.

[6]MINH N Q. Ceramic fuel cells[J]. Journal of the American Ceramic Society, 1993, 76(3): 563-588.

[7]李瑛,王林山. 燃料电池[M]. 北京:冶金工业出版社,2000.

[8]石井弘毅. 图说燃料电池原理与应用[M]. 北京:科学出版社,2003.

[9]SINGHAL S C. Solid oxide fuel cells for stationary, mobile, and military applications[J]. Solid State Ionics, 2002, 152-153: 405-410.

[10]GANSOR P. Investigation of coal syngas impurity tolerance of alternative cermet SOFC anodes[D]. Morgan town: West Virginia University, 2012.

[11]FERGUS J W. Electrolytes for solid oxide fuel cells[J]. Journal of Power Sources, 2006, 162(1): 30-40.

[12]BADWAL S P S. Zirconia-based solid electrolytes: microstructure, stability and ionic conductivity[J]. Solid State Ionics, 1992, 52(1-3): 23-32.

[13]IVERS-TIFFÉE E, WEBER A, HERBSTRITT D. Materials and technologies for SOFC-components[J]. Journal of the European Ceramic Society, 2001, 21(10-11): 1805-1811.

[14]KOIDE H, SOMEYA Y, YOSHIDA T, et al. Properties of Ni/YSZ cermet as anode for SOFC[J]. Solid State Ionics, 2000, 132(3-4): 253-260.

[15]KWON O H, CHOI G M. Electrical conductivity of thick film YSZ[J]. Solid State Ionics, 2006, 177(35-36): 3057-3062.

[16]NOMURA K, MIZUTANI Y, KAWAI M, et al. Aging and raman scattering study of scandia and yttria doped zirconia[J]. Solid State Ionics, 2000, 132

(3-4): 235-239.

[17] YAHIRO H, BABA Y, EGUCHI K, et al. High temperature fuel cell with ceria-yttria solid electrolyte[J]. Journal of the Electrochemical Society, 1988, 135(8): 2077-2080.

[18] INABA H, TAGAWA H. Ceria-based solid electrolytes[J]. Solid State Ionics, 1996, 83(1-2): 1-16.

[19] REMBELSKI D, VIRICELLE J P, COMBEMALE L, et al. Characterization and comparison of different cathode materials for SC-SOFC: LSM, BSCF, SSC, and LSCF[J]. Fuel Cells, 2011, 12(2): 256-264.

[20] ZHANG X G, ROBERTSON M, DEĈES-PETIT C, et al. Internal shorting and fuel loss of a low temperature solid oxide fuel cell With SDC electrolyte[J]. Journal of Power Sources, 2007, 164(2): 668-677.

[21] DALSLET B, BLENNOW P, HENDRIKSEN P V, et al. Assessment of doped ceria as electrolyte[J]. Journal of Solid State Electrochemistry, 2006, 10(8): 547-561.

[22] HUANG K Q, TICHY R, GOODENOUGH J B, et al. Superior perovskite oxide-ion conductor; strontium- and magnesium-doped $LaGaO_3$: Ⅲ, performance tests of single ceramic fuel cells[J]. Journal of the American Ceramic Society, 1998, 81(10): 2581-2585.

[23] JIANG S P. Development of lanthanum strontium manganite perovskite of solid oxide fuel cells: a review[J]. Journal of Materials Science, 2008, 43: 6799-6833.

[24] ZHAO F, PENG R R, XIA C R. A $La_{0.6}Sr_{0.4}CoO_{3-\delta}$-based electrode with high durability for intermediate temperature solid oxide fuel cells[J]. Materials Research Bulletin, 2008, 43(2): 370-376.

[25] 黄贤良, 赵海雷, 吴卫江, 等. 固体氧化物燃料电池阳极材料的研究进展[J]. 硅酸盐学报, 2005, 33(11): 1407-1413.

[26] MÖBIUS H H. On the history of solid electrolyte fuel cells[J]. Journal of Solid State Electrochemistry, 1997, 1: 2-16.

[27] LEE J H, MOON H, LEE H W, et al. Quantitative analysis of microstructure

and its related electrical property of SOFC anode, Ni-YSZ cermet[J]. Solid State Ionics, 2002, 148(1-2): 15-26.

[28] HASLAM J J, PHAM A Q, CHUNG B W, et al. Effects of the use of pore formers on performance of an anode supported solid oxide fuel cell[J]. Journal of the American Ceramic Society, 2005, 88(3): 513-518.

[29] STEELE B C H. Appraisal of $Ce_{1-y}Gd_yO_{2-y/2}$ electrolytes for IT-SOFC operation at 500 ℃[J]. Solid State Ionics, 2000, 129(1-4): 95-110.

[30] STEELE B C H, MIDDLETON P H, RUDKIN R A. Material science aspects of SOFC technology with special reference to anode development[J]. Solid State Ionics, 1990, 40-41: 388-393.

[31] MCINTOSH S, VOHS J M, GORTE R J. Role of hydrocarbon deposits in the enhanced performance of direct-oxidation SOFCs[J]. Journal of The Electrochemical Society, 2003, 150(4): A470-A476.

[32] CRACIUN R, PARK S, GORTE R J, et al. A Novel method for preparing anode cermets for solid oxide fuel cells[J]. Journal of The Electrochemical Society, 1999, 146(11): 4019-4022.

[33] PARK S, VOHS J M, GORTE R J. Direct oxidation of hydrocarbons in a solid-oxide fuel cell[J]. Nature, 2000, 404: 265-267.

[34] SAUVET A L, FOULETIER J. Catalytic properties of new anode materials for solid oxide fuel cells operated under methane at intermediary temperature[J]. Journal of Power Sources, 2001, 101(2): 259-266.

[35] ZHA S W, TSANG P, CHENG Z, et al. Electrical properties and sulfur tolerance of $La_{0.75}Sr_{0.25}Cr_{1-x}Mn_xO_3$ under anodic conditions[J]. Journal of Solid State Chemistry, 2005, 178(6): 1844-1850.

[36] TAO S W, IRVINE J T S. A redox-stable efficient anode for solid-oxide fuel cells[J]. Nature Materials, 2003, 2: 320-323.

[37] TAO S W, IRVINE J T S. Synthesis and characterization of $(La_{0.75}Sr_{0.25})Cr_{0.5}Mn_{0.5}O_{3-\delta}$, a redox-stable, efficient perovskite anode for SOFCs[J]. Journal of the Electrochemical Society, 2004, 151(12): A252-A259.

[38] PLINT S M, CONNOR P A, TAO S W, et al. Electronic transport in the novel

SOFC anode material $La_{1-x}Sr_xCr_{0.5}Mn_{0.5}O_{3\pm\delta}$[J]. Solid State Ionics, 2006, 177(19-25): 2005-2008.

[39] JIANG S P, CHEN X J, CHAN S H, et al. $(La_{0.75}Sr_{0.25})(Cr_{0.5}Mn_{0.5})O_3$/YSZ composite anodes for methane oxidation reaction in solid oxide fuel cells[J]. Solid State Ionics, 2006, 177(1-2,16): 149-157.

[40] ZHU X B, LV Z, WEI B, et al. Enhanced performance of solid oxide fuel cells with Ni/CeO_2 modified $La_{0.75}Sr_{0.25}Cr_{0.5}Mn_{0.5}O_{3-\delta}$ anodes[J]. Journal of Power Sources, 2009, 190(2): 326-330.

[41] MARINA O A, CANFIELD N L, STEVENSON J W. Thermal, electrical, and electrocatalytical properties of lanthanum-doped strontium titanate[J]. Solid State Ionics, 2002, 149(1-2): 21-28.

[42] HUANG Y H, DASS R I, XING Z L. Double perovskites as anode materials for solid-oxide fuel cells[J]. Science, 2006, 312(5771): 254-257.

[43] GONG M Y, LIU X B, TREMBLY J, et al. Sulfur-tolerant anode materials for solid oxide fuel cell application[J]. Journal of Power Sources, 2007, 168(2): 289-298.

[44] MATSUZAKI Y, YASUDA I. The poisoning effect of sulfur-containing impurity gas on a SOFC anode: Part Ⅰ. dependence on temperature, time, and impurity concentration[J]. Solid State Ionics, 2000, 132(3-4): 261-269.

[45] LI Y Q, ZHANG Y H, ZHU X B, et al. Performance and sulfur poisoning of Ni/CeO_2 impregnated $La_{0.75}Sr_{0.25}Cr_{0.5}Mn_{0.5}O_{3-\delta}$ anode in solid oxide fuel cells[J]. Journal of Power Sources, 2015, 285: 354-359.

[46] TWIGG M V. Catalyst handbook[M]. New York: Routledge, 1989.

[47] MUKUNDAN R, BROSHA E L, GARZON F H. Sulfur tolerant anodes for SOFCs[J]. Electrochemical and Solid-State Letters, 2004, 7(1): A5-A7.

[48] COOPER M, CHANNA K, DE SILVA R. Comparison of LSV/YSZ and LSV/GDC SOFC anode performance in coal syngas containing H_2S[J]. Journal of the Electrochemical Society, 2010, 157(11): B1713-B1718.

[49] PETERSON D R, WINNICK J. Utilization of hydrogen sulfide in an

intermediate-temperature ceria-based solid oxide fuel cell[J]. Journal of the Electrochemical Society, 1998, 145(5): 1449-1454.

[50]PUJARE N U, SEMKOW K W, SOMMELLS A F. A Direct H_2S/Air solid oxide fuel cell[J]. Journal of the Electrochemical Society, 1987, 134: 2639-2640.

[51]朱秀芳. 中温 H_2S 固体氧化物燃料电池阳极材料的制备及性能研究[D]. 南京: 南京理工大学, 2012.

[52] BEBELIS S, MAKRI M, BUEKENHOUDT A, et al. Electrochemical activation of catalytic reactions using anionic, cationic and mixed conductors [J]. Solid State Ionics, 2000, 129(1-4): 33-46.

[53]NAGEL F P, SCHILDHAUER T J, SFEIR J, et al. The impact of sulfur on the performance of a solid oxide fuel cell (SOFC) system operated with hydrocarboneous fuel gas [J]. Journal of Power Sources, 2009, 189(2): 1127-1131.

[54]SASAKI K, SUSUKI K, IYOSHI A, et al. H_2S poisoning of solid oxide fuel cells [J]. Journal of the Electrochemical Society, 2006, 153 (11): A2023-A2029.

[55] ZHA S W, CHENG Z, LIU M L. Sulfur poisoning and regeneration of Ni-based anodes in solid oxide fuel cells[J]. Journal of the Electrochemical Society, 2007, 154(2): B201-B206.

[56]LI T S, WANG W G. The mechanism of H_2S poisoning Ni/YSZ electrode studied by impedance spectroscopy [J]. Electrochemical and Solid-State Letters, 2011, 14(3): B35-B37.

[57]LI T S, WANG W G. Sulfur-poisoned Ni-based solid oxide fuel cell anode characterization by varying water content [J]. Journal of Power Sources, 2011, 196(4): 2066-2069.

[58]PAKULSKA M M, GRGICAK C M, GIORGI J B. The effect of metal and support particle size on NiO/CeO_2 and NiO/ZrO_2 catalyst activity in complete methane oxidation [J]. Applied Catalysis A: General, 2007, 332(1): 124-129.

[59] ROBERGE T M, BLAVO S O, HOLT C, et al. Effect of molybdenum on the sulfur-tolerance of cerium-cobalt mixed oxide water-gas shift catalysts[J]. Topics in Catalysis, 2013, 56: 1892-1898.

[60] CHEN X J, LIU Q L, CHAN S H, et al. Sulfur tolerance and hydrocarbon stability of $La_{0.75}Sr_{0.25}Cr_{0.5}Mn_{0.5}O_3/Gd_{0.2}Ce_{0.8}O_{1.9}$ composite anode under anodic polarization[J]. Journal of the Electrochemical Society, 2007, 154: B1206-B1210.

[61] ZHANG L, JIANG S P, HE H Q, et al. A comparative study of H_2S poisoning on electrode behavior of Ni/YSZ and Ni/GDC anodes of solid oxide fuel cells [J]. International Journal of Hydrogen Energy, 2010, 35 (22): 12359-12368.

[62] JARDIEL T, CALDES M T, MOSER F, et al. New SOFC electrode materials: the Ni-substituted LSCM-based compounds $(La_{0.75}Sr_{0.25})(Cr_{0.5}Mn_{0.5-x}Ni_x)O_{3-\delta}$ and $(La_{0.75}Sr_{0.25})(Cr_{0.5-x}Ni_xMn_{0.5})O_{3-\delta}$[J]. Solid State Ionics, 2010, 181(19-20): 894-901.

[63] ZHUX F, ZHONG Q, ZHAO X J, et al. Synthesis and performance of Y-doped $La_{0.7}Sr_{0.3}CrO_{3-\delta}$ as a potential anode material for solid oxygen fuel cells [J]. Applied Surface Science, 2011, 257(6): 1967-1971.

[64] SONN V, LEONIDE A, IVERS-TIFFÉE E. Combined deconvolution and CNLS fitting approach applied on the impedance response of technical Ni/8YSZ cermet electrodes[J]. Journal of the Electrochemical Society, 2008, 155(7): B675-B679.

[65] BROWN M, PRIMDAHL S, MOGENSEN M. Structure/performance relations for Ni/yttria-stabilized zirconia anodes for solid oxide fuel cells[J]. Journal of the Electrochemical Society, 2000, 147(2): 475-485.

[66] JIANG S P, BADWAL S P S. An electrode kinetics study of H_2 oxidation on $Ni/Y_2O_3-ZrO_2$ cermet electrode of the solid oxide fuel cell[J]. Solid State Ionics, 1999, 123(1-4): 209-224.

[67] LAU N T, FANG M, CHAN C K. The role of SO_2 in the reduction of NO by CO on La_2O_2S[J]. Journal of Catalysis, 2007, 245(2): 301-307.

[68]贾立山，秦永宁，马智，等. 氧存在下钙钛矿 $LaCoO_3$ 硫化过程的 XPS 研究[J]. 催化学报，2004，25(1)：19-22.

[69]ZHU Y F, TAN R Q, FENG J, et al. The reaction and poisoning mechanism of SO_2 and perovskite $LaCoO_3$ film model catalysts[J]. Applied Catalysis A: General, 2001, 209(1-2): 71-77.

[70]KARATZAS X, CREASER D, GRANT A, et al. Hydrogen generation from *n*-tetradecane, low-sulfur and Fischer-Tropsch diesel over Rh supported on alumina doped with ceria/lanthana[J]. Catalysis Today, 2011, 164(1): 190-197.

[71]MENG D M, ZHAN W C, GUO Y, et al. A highly effective catalyst of Sm-MnO_x for the NH_3-SCR of NO_x at low temperature: promotional role of Sm and its catalytic performance[J]. ACS Catalysis, 2015, 5(10): 5973-5983.

[72]LIU Y J, QU Y F, GUO J X, et al. Thermal regeneration of manganese supported on activated carbons treated by HNO_3 for desulfurization[J]. Energy & Fuels, 2015, 29(3): 1931-1940.

[73]FLYTZANI-STEPHANOPOULOS M, ZHU T L, LI Y. Ceria-based catalysts for the recovery of elemental sulfur from SO_2-laden gas streams[J]. Catalysis Today, 2000, 62(2-3): 145-158.

[74]HIBINO T, WANG S Q, KAKIMOTO S, et al. Single chamber solid oxide fuel cell constructed from an yttria-stabilized zirconia electrolyte[J]. Electrochemical and Solid-State Letters, 1999, 2(7): 317-319.

[75]CHUNG Y S, KIM H, YOON H C, et al. Effects of manganese oxide addition on coking behavior of Ni/YSZ anodes for SOFCs[J] Fuel Cells, 2015, 15(2): 416-426.

[76]HUA B, LI M, CHI B, et al. Enhanced electrochemical performance and carbon deposition resistance of Ni-YSZ anode of solid oxide fuel cells by in situ formed Ni-MnO layer for CH_4 on-cell reforming[J]. Journal of Materials Chemistry A, 2014, 2(4): 1150-1158.

[77]XIA H, ZHANG F M, ZHANG Z F, et al. Synthesis of functional *x*La*y*Mn/KIT-6 and features in hot coal gas desulphurization[J]. Physical Chemistry

Chemical Physics, 2015, 17(32): 20667-20676.

[78] TAN W Y, ZHONG Q, XU D D, et al. Catalytic activity and sulfur tolerance for Mn-substituted $La_{0.75}Sr_{0.25}CrO_{3\pm\delta}$ in gas containing H_2S[J]. International Journal of Hydrogen Energy, 2013, 38(36): 16656-16664.

[79] XIONG Y, TANG C J, YAO X J, et al. Effect of metal ions doping (M = Ti^{4+}, Sn^{4+}) on the catalytic performance of MnO_x/CeO_2 catalyst for low temperature selective catalytic reduction of NO with NH_3 [J]. Applied Catalysis A: General, 2015, 495: 206-216.

[80] CHEN H Y, LIN J, TAN K L, et al. Comparative studies of manganese-doped copper-based catalysts: the promoter effect of Mn on methanol synthesis[J]. Applied Surface Science, 1998, 126(3-4): 323-331.

[81] IVERS-TIFFÉE E, WEBER A. Evaluation of electrochemical impedance spectra by the distribution of relaxation times[J]. Journal of the Ceramic Society of Japan, 2017, 125(4): 193-201.

[82] SCHICHLEIN H, MÜLLER A C, VOIGTS M, et al. Deconvolution of electrochemical impedance spectra for the identification of electrode reaction mechanisms in solid oxide fuel cells[J]. Journal of Applied Electrochemistry, 2002, 32(8): 875-882.

[83] LEONIDE A, SONN V, WEBER A, et al. Evaluation and modeling of the cell resistance in anode-supported solid oxide fuel cells [J]. Journal of the Electrochemical Society, 2008, 155(1): B36-B41.

[84] ENDLER C, LEONIDE A, WEBER A, et al. Time-dependent electrode performance changes in intermediate temperature solid oxide fuel cells[J]. Journal of the Electrochemical Society, 2010, 157(2): B292-B298.

[85] SCHMIDT J P, CHROBAK T, ENDER M, et al. Studies on $LiFePO_4$ as cathode material using impedance spectroscopy[J]. Journal of Power Source, 2011, 196(12): 5342-5348.

[86] KLOTZ D, SCHMIDT J P, KROMP A, et al. The distribution of relaxation times as beneficial tool for equivalent circuit modeling of fuel cells and batteries[J]. ECS Transactions, 2012, 41(28): 25-33.

[87] SCHMIDT J P, BERG P, SCHÖNLEBER M, et al. The distribution of relaxation times as basis for generalized time-domain models for Li-ion batteries[J]. Journal of Power Source, 2013, 221: 70-77.
[88] 肖庭延, 于慎根, 王彦飞. 反问题的数值解法[M]. 北京: 科学出版社, 2003.
[89] 刘继军. 不适定问题的正则化方法及应用[M]. 北京: 科学出版社, 2005.
[90] CIUCCI F. Modeling electrochemical impedance spectroscopy[J]. Current Opinion in Electrochemistry, 2019, 13: 132-139.
[91] BOUKAMP B A. Fourier transform distribution function of relaxation times; application and limitations[J]. Electrochimica Acta, 2015, 154: 35-46.
[92] SACCOCCIO M, WAN T H, CHEN C, et al. Optimal regularization in distribution of relaxation times applied to electrochemical impedance spectroscopy: ridge and lasso regression methods—a theoretical and experimental study[J]. Electrochimica Acta, 2014, 147: 470-482.
[93] ŽIC M, PEREVERZYEV S Jr, SUBOTIĆ V, et al. Adaptive multi-parameter regularization approach to construct the distribution function of relaxation times [J]. GEM-International Journal on Geomathematics, 2020, 11: 2.
[94] HÖRLIN T. Deconvolution and maximum entropy in impedance spectroscopy of noninductive systems[J]. Solid State Ionics, 1998, 107(3-4): 241-253.
[95] TUNCER E, GUBAŃSKI S M. On dielectric data analysis using the monte carlo method to obtain relaxation time distribution and comparing non-linear spectral function fits[J]. IEEE Transactions on Dielectrics and Electrical Insulation, 2001, 8(3): 310-320.
[96] TESLER A B, LEWIN D R, BALTIANSKI S, et al. Analyzing results of impedance spectroscopy using novel evolutionary programming techniques[J]. Journal of Electroceramics, 2010, 24: 245-260.
[97] ZHANG Y X, CHEN Y, YAN M F, et al. Reconstruction of relaxation time distribution from linear electrochemical impedance spectroscopy[J]. Journal of Power Source, 2015, 283: 464-477.
[98] YANG Y, LI M, REN Y Y, et al. Magnesium oxide as synergistic catalyst for

oxygen reduction reaction on strontium doped lanthanum cobalt ferrite[J]. International Journal of Hydrogen Energy, 2018, 43(7): 3797-3802.

[99]ZHENG M H, WANG S, YANG Y, et al. Barium carbonate as a synergistic catalyst for the H_2O/CO_2 reduction reaction at Ni-yttria stabilized zirconia cathodes for solid oxide electrolysis cells[J]. Journal of Materials Chemistry A, 2018, 6(6): 2721-2729.

[100]GAVRILYUK A L, OSINKIN D A, BRONIN D I. The use of Tikhonov regularization method for calculating the distribution function of relaxation times in impedance spectroscopy[J]. Russian Journal of Electrochemistry, 2017, 53: 575-588.

[101]BOUKAMP B A, ROLLE A. Use of a distribution function of relaxation times (DFRT) in impedance analysis of SOFC electrodes[J]. Solid State Ionics, 314: 103-111.

[102]KRESSE G, HAFNER J. Ab initio molecular-dynamics simulation of the liquid-metal-amorphous-semiconductor transition in germanium[J]. Physical review B, Condensed matter, 1994, 49(20): 14251-14269.

[103]KRESSE G, FURTHMÜLLER J. Efficient iterative schemes for ab initio total-energy calculations using a plane-wave basis set[J]. Physical Review B, 1996, 54(16): 11169-11186.

[104]BLÖCHL P E. Projector augmented-wave method[J]. Physical Review B, 1994, 50(24): 17953-17979.

[105]KRESSE G, JOUBERT D. From ultrasoft pseudopotentials to the projector augmented-wave method[J]. Physical Review B, 1999, 59(3): 1758-1775.

[106]PERDEW J P, WANG Y. Pair-distribution function and its coupling-constant average for the spin-polarized electron gas[J]. Physical review B, 1992, 46(20): 12947-12954.

[107]CLENDENEN R L, DRICKAMER H G. Lattice parameters of nine oxides and sulfides as a function of pressure[J]. The Journal of Chemical Physics, 1966, 44(11): 4223-4228.

[108] KRESSE G, HAFNER J. First-principles study of the adsorption of atomic H on Ni(111), (100) and (110)[J]. Surface Science, 2000, 459(3): 287-302.

[109] ISLAM M S. Ionic transport in ABO_3 perovskite oxides: a computer modelling tour[J]. Journal of Materials Chemistry, 2000, 10(4): 1027-1038.

[110] ROMAKA L, ROMAKA V V, MELNYCHENKO N, et al. Experimental and DFT study of the V-Co-Sb ternary system[J]. Journal of Alloys and Compounds, 2018, 739: 771-779.

[111] LEE Y L, KLEIS J, ROSSMEISL J, et al. Prediction of solid oxidefuel cell cathode activity with first-principles descriptors[J]. Energy & Environmental Science, 2011, 4(10): 3966-3970.

[112] WANG J H, LIU M L. Surface regeneration of sulfur-poisoned Ni surfaces under SOFC operation conditions predicted by first-principles-based thermodynamic calculations[J]. Journal of Power Sources, 2008, 176(1): 23-30.

[113] WANG Y, CHENG H P. Oxygen reduction activity on perovskite oxide surfaces: a comparative first-principles study of $LaMnO_3$, $LaFeO_3$, and $LaCrO_3$[J]. The Journal of Physical Chemistry C, 2012, 117(5): 2106-2112.

[114] MASTRIKOV Y A, MERKLE R, HEIFETS E, et al. Pathways for oxygen incorporation in mixed conducting perovskites: a DFT-based mechanistic analysis for (La, Sr)$MnO_{3-\delta}$[J]. The Journal of Physical Chemistry C, 2010, 114(7): 3017-3027.

[115] MASTRIKOV A Y, MERKLE R, KOTOMIN E A, et al. Formation and migration of oxygen vacancies in $La_{1-x}Sr_xCo_{1-y}Fe_yO_{3-\delta}$ perovskites: insight from ab initio calculations and comparison with $Ba_{1-x}Sr_xCo_{1-y}Fe_yO_{3-\delta}$[J]. Physical Chemistry Chemical Physics, 2013, 15(3): 911-918.

[116] RITZMANN A M, DIETERICH J M, CARTER E A. Density functional theory + U analysis of the electronic structure and defect chemistry of LSCF ($La_{0.5}Sr_{0.5}Co_{0.25}Fe_{0.75}O_{3-\delta}$)[J]. Physical Chemistry Chemical Physics,

2016, 18(17): 12260-12269.

[117] XIAO G L, JIN C, LIU Q, et al. Ni modified ceramic anodes for solid oxide fuel cells[J]. Journal of Power Sources, 2012, 201: 43-48.

[118] KIM J S, NAIR V V, VOHS J M, et al. A study of the methane tolerance of LSCM-YSZ composite anodes with Pt, Ni, Pd and ceria catalysts[J]. Scripta Materialia, 2011, 65(2): 90-95.

[119] BOULFRAD S, CASSIDY M, DJURADO E, et al. Pre-coating of LSCM perovskite with metal catalyst for scalable high performance anodes[J]. International Journal of Hydrogen Energy, 2013, 38(22): 9519-9524.

[120] ZHU X B, LÜ Z, WEI B, et al. Direct flame SOFCs with $La_{0.75}Sr_{0.25}Cr_{0.5}Mn_{0.5}O_{3-\delta}$/Ni coimpregnated yttria-stabilized zirconia anodes operated on liquefied petroleum gas flame[J]. Journal of the Electrochemical Society, 2010, 157(12): B1838-B1843.

[121] BURGHGRAEF H, JANSEN A P J, VAN SANTEN R A. Electronic structure calculations and dynamics of methane activation on nickel and cobalt[J]. The Journal of Chemical Physics, 1994, 101(12): 11012-11020.

[122] BURGHGRAEF H, JANSEN A P J, VAN SANTEN R A. Methane activation and dehydrogenation on nickel and cobalt: a computational study[J]. Surface Science, 1995, 324(2-3): 345-356.

[123] GONG X Q, RAVAL R, HU P. CH_x hydrogenation on Co(0001): a density functional theory study[J]. The Journal of Chemical Physics, 2005, 122(2): 24711.

[124] RESINI C, DELGADO M C H, PRESTO S, et al. Yttria-stabilized zirconia (YSZ) supported Ni-Co alloys (precursor of SOFC anodes) as catalysts for the steam reforming of ethanol[J]. International Journal of Hydrogen Energy, 2008, 33(14): 3728-3735.

[125] KIM H, LU C, WORRELL W L, et al. Cu-Ni cermet anodes for direct oxidation of methane in solid-oxide fuel cells[J]. Journal of the Electrochemical Society, 2002, 149(3): A247-A250.

[126] GALEA N M, KNAPP D, ZIEGLER T. Density functional theory studies of

methane dissociation on anode catalysts in solid-oxide fuel cells: suggestions for coke reduction[J]. Journal of Catalysis, 2007, 247(1): 20-23.

[127] LEE S I, VOHS J M, GORTE R J. A study of SOFC anodes based on Cu-Ni and Cu-Co bimetallics in CeO_2 YSZ[J]. Journal of the Electrochemical Society, 2004, 151(9): A1319-A1323.

[128] GARBARINO G, RIANI P, LUCCHINI M A, et al. Cobalt-based nanoparticles as catalysts for low temperature hydrogen production by ethanol steam reforming[J]. International Journal of Hydrogen Energy, 2013, 38(1): 82-91.

[129] BARSOUKOV E, MACDONALD J R. Impedance spectroscopy: theory, experiment, and applications [M]. Hoboken: John Wiley & Sons, Inc,2018.

[130] STEELE B C H. Appraisal of $Ce_{1-y}Gd_yO_{2-y/2}$ electrolytes for IT-SOFC operation at 500 ℃[J]. Solid State Ionics, 2000, 129(1-4): 95-110.

[131] WANG W, WANG Z X, HU Y C, et al. A potential-driven switch of activity promotion mode for the oxygen evolution reaction at Co_3O_4/NiO_xH_y interface [J]. eScience, 2022, 2(4): 438-444.

[132] ZHANG H Z, LIU H Y, CONG Y, et al. Investigation of $Sm_{0.5}Sr_{0.5}CoO_{3-\delta}/Co_3O_4$ composite cathode for intermediate-temperature solid oxide fuel cells[J]. Journal of Power Sources, 2008, 185(1): 129-135.

[133] ZHU X B, LV Z, WEI B, et al. Fabrication and evaluation of a Ni/$La_{0.75}Sr_{0.25}Cr_{0.5}Fe_{0.5}O_{3-\delta}$ co-impregnated yttria stabilized zirconia anode for single-chamber solid oxide fuel cells[J]. International Journal of Hydrogen Energy, 2010, 35(13): 6897-6904.

[134] SPACIL H S. Electrical device including nickel-containing stabilized zirconia electrode[P]. United States: US-3503809-A, 1970.

[135] GRGICAK C M, PAKULSKA M M, O'BRIEN J S, et al. Synergistic effects of $Ni_{1-x}Co_x$-YSZ and $Ni_{1-x}Cu_x$-YSZ alloyed cermet SOFC anodes for oxidation of hydrogen and methane fuels containing H_2S[J]. Journal of Power Sources, 2008, 183(1): 26-33.

[136] DEES D W, CLAAR T D, EASLER T E, et al. Conductivity of porous Ni/ ZrO_2-Y_2O_3 cermets[J]. Journal of The Electrochemical Society, 1987, 134(9): 2141-2146.

[137] DING J, LIU J, GUO W M. Fabrication and study on $Ni_{1-x}Fe_xO$-YSZ anodes for intermediate temperature anode-supported solid oxide fuel cells [J]. Journal of Alloys and Compounds, 2009, 480(2): 286-290.

[138] LIU Y, BAI Y H, LIU J. ($Ni_{0.75}Fe_{0.25}$-xMgO)/YSZ anode for direct methane solid-oxide fuel cells[J]. Journal of Power Sources, 2011, 196(23): 9965-9969.

[139] LIU Y, BAI Y H, LIU J. Carbon monoxide fueled cone-shaped tubular solid oxide fuel cell with ($Ni_{0.75}Fe_{0.25}$-5% MgO)/YSZ anode[J]. Journal of The Electrochemical Society, 2012, 160(1): F13-F17.

[140] NAGY Á. Density functional. Theory and application to atoms and molecules [J]. Physics Reports, 1998, 298(1): 1-79.

[141] KOHN W, SHAM L J. Self-consistent equations including exchange and correlation effects[J]. Physical Review, 1965, 140(4A): A1133-A1138.

[142] KRYACHKO E S, LUDEÑA E V. Density functional theory: foundations reviewed[J]. Physics Reports, 2014, 544(2): 123-239.

[143] GARWOOD T, MODINE N A, KRISHNA S. Electronic structure modeling of InAs/GaSb superlattices with hybrid density functional theory[J]. Infrared Physics & Technology, 2017, 81: 27-31.

[144] KUMAR P, MALIK H K, GHOSH A, et al. An insight to origin of ferromagnetism in ZnO and N implanted ZnO thin films: experimental and DFT approach[J]. Journal of Alloys and Compounds, 2018, 768: 323-328.

[145] MAHMOOD A, TEZCAN F, KARDAŞ G. Thermal decomposition of sol-gel derived $Zn_{0.8}Ga_{0.2}O$ precursor-gel: a kinetic, thermodynamic, and DFT studies[J]. Acta Materialia, 2018, 146: 152-159.

[146] GEERLINGS P, DE PROFT F, LANGENAEKER W. Conceptual density functional theory[J]. Chemical Reviews, 2003, 103(5): 1793-1874.

[147] KANE E O. Thomas-Fermi approach to impure semiconductor band structure

[J]. Physical Review, 1963, 131(1): 79-88.

[148] LIEB E H, SIMON B. Thomas-Fermi theory revisited[J]. Physical Review Letters, 1973, 31(11): 681-683.

[149] PERDEW J P, LEVY M. Physical content of the exact Kohn-Sham orbital energies: band gaps and derivative discontinuities [J]. Physical Review Letters, 1983, 51(20): 1884-1887.

[150] GROSS E, KOHN W. Local density-functional theory of frequency-dependent linear response[J]. Physical Review Letters, 1985, 55(26): 2850-2852.

[151] PERDEW J P, BURKE K, ERNZERHOF M. Generalized gradient approximation made simple[J]. Physical Review Letters, 1996, 77(18): 3865-3868.

[152] PERDEW J P, BURKE K, WANG Y. Generalized gradient approximation for the exchange-correlation hole of a many-electron system [J]. Physical Review B, 1996, 54(23): 16533-16539.

[153] MONKHORST H J, PACK J D. Special points for Brillouin-zone integrations [J]. Physical Review B, 1976, 13(12): 5188-5192.

[154] HUBER K P, HERZBERG G. Molecular spectra and molecular structure: Ⅳ. constants of diatomic moleculess [M]. New York: Springer New York, 1979.

[155] ZHOU Y J, LÜ Z, WEI B, et al. Oxygen adsorption on the Ag/$La_{1-x}Sr_xMnO$ (001) catalysts surfaces: a first-principles study [J]. Journal of Power Sources, 2012, 209: 158-162.

[156] XU B, SUN Y Q, CHEN Z M, et al. Facile and large-scale preparation of Co/Ni-MoO_2 composite as high-performance electrocatalyst for hydrogen evolution reaction[J]. International Journal of Hydrogen Energy, 2018, 43(45): 20721-20726.

[157] JIAO Y, ZHENG Y, JARONIEC M, et al. Design of electrocatalysts for oxygen and hydrogen-involving energy conversion reactions[J]. Chemical Society Reviews, 2015, 44(8): 2060-2086.

[158] CHOW J, KOPP R J, PORTNEY P R, et al. Energy resources and global development[J]. Science, 2003, 302(5650): 1528-1531.

[159] ZHOU H J, CAO H F, QU Y P, et al. Self-supporting Co-MoO_x@N-doped carbon/expanded graphite paper for efficient water splitting catalyst[J]. Diamond and Related Materials, 2023, 140: 110501.

[160] LI J H, WANG J L, JIAO F X, et al. Heterostructured CoP/MoO_2 as high efficient electrocatalysts for hydrogen evolution reaction over all pH values[J]. International Journal of Hydrogen Energy, 2021, 46(35): 18353-18363.

[161] CAI J L, YANG J Y, XIE X, et al. Carbon doping triggered efficient electrochemical hydrogen evolution of cross-linked porous Ru-MoO_2 via solid-phase reaction strategy[J]. Energy & Environmental Materials, 2023, 6(1): e12424.

[162] CHU S, CUI Y, LIU N. The path towards sustainable energy[J]. Nature Materials, 2017, 16:16-22.

[163] FENG L L, YU G T, WU Y Y, et al. High-index faceted Ni_3S_2 nanosheet arrays as highly active and ultrastable electrocatalysts for water splitting[J]. Journal of the American Chemical Society, 2015, 137(44): 14023-14026.

[164] MASA J, BARWE S, ANDRONESCU C, et al. Low overpotential water splitting using cobalt-cobalt phosphide nanoparticles supported on nickel foam[J]. ACS Energy Letters, 2016, 1(6): 1192-1198.

[165] YI J D, XU R, CHAI G L, et al. Cobalt single-atoms anchored on porphyrinic triazine-based frameworks as bifunctional electrocatalysts for oxygen reduction and hydrogen evolution reactions[J]. Journal of Materials Chemistry A, 2019, 7(3): 1252-1259.

[166] LIANG H F, GANDI A N, ANJUM D H, et al. Plasma-assisted synthesis of NiCoP for efficient overall water splitting[J]. Nano Letters, 2016, 16(12): 7718-7725.

[167] LI G X, YU J Y, JIA J, et al. Cobalt-cobalt phosphide nanoparticles@ nitrogen-phosphorus doped carbon/graphene derived from cobalt ions

adsorbed saccharomycete yeasts as an efficient, stable, and large-current density electrode for hydrogen evolution reactions[J]. Advanced Functional Materials, 2018, 28(40): 1801332.

[168] CHEN Y Y, ZHANG Y, JIANG W J, et al. Pomegranate-like N, P-doped $Mo_2C@C$ nanospheres as highly active electrocatalysts for alkaline hydrogen evolution[J]. ACS nano, 2016, 10(9): 8851-8860.

[169] EMIN S, ALTINKAYA C, SEMERCI A, et al. Tungsten carbide electrocatalysts prepared from metallic tungsten nanoparticles for efficient hydrogen evolution[J]. Applied Catalysis B: Environmental, 2018, 236: 147-153.

[170] KAKORIA A, DEVI B, ANAND A, et al. Gallium oxide nanofibers for hydrogen evolution and oxygen reduction[J]. ACS Applied Nano Materials, 2019, 2(1): 64-74.

[171] VIDALES A G, OMANOVIC S. Evaluation of nickel-molybdenum-oxides as cathodes for hydrogen evolution by water electrolysis in acidic, alkaline, and neutral media[J]. Electrochimica Acta, 2018, 262: 115-123.

[172] VOIRY D, YAMAGUCHI H, LI J W, et al. Enhanced catalytic activity in strained chemically exfoliated WS_2 nanosheets for hydrogen evolution[J]. Nature Materials, 2013, 12: 850-855.

[173] JAGMINAS A, NAUJOKAITIS A, ŽALNERAVIČIUS R, et al. Tuning the activity of nanoplatelet MoS_2-based catalyst for efficient hydrogen evolution via electrochemical decoration with Pt nanoparticles[J]. Applied Surface Science, 2016, 385: 56-62.

[174] XU Y F, GAO M R, ZHENG Y R, et al. Nickel/nickel (Ⅱ) oxide nanoparticles anchored onto cobalt (Ⅳ) diselenide nanobelts for the electrochemical production of hydrogen[J]. Angewandte Chemie, 2013, 52(33): 8546-8550.

[175] YAN X D, TIAN L H, CHEN X B. Crystalline/amorphous Ni/NiO core/shell nanosheets as highly active electrocatalysts for hydrogen evolution reaction[J]. Journal of Power Sources, 2015, 300: 336-343.

[176] CHEN Z J, CAO G X, G L Y, et al. Highly Dispersed platinum on honeycomb-like NiO@ Ni film as a synergistic electrocatalyst for the hydrogen evolution reaction[J]. ACS Catalysis, 2018, 8: 8866-8872.

[177] GONG M, ZHOU W, TSAI M C, et al. Nanoscale nickel oxide/nickel heterostructures for active hydrogen evolution electrocatalysis[J]. Nature Communications, 2014, 22: 4695.

[178]邓邵峰.二氧化钼对碱性氢电极反应催化剂的活性调控及机理研究[D].武汉：华中科技大学,2020.

[179]方彬.二氧化铈基纳米复合材料的设计制备与催化性能研究[D].合肥：中国科学技术大学, 2023.

[180] SUN X, GUAN X, FENG H, et al. Enhanced activity promoted by amorphous metal oxyhydroxides on CeO_2 for alkaline oxygen evolution reaction[J]. Journal of Colloid and Interface Science, 2021, 604: 719-726.